Google
Analytics
流量分析與考題大揭秘

張佳榮・鄭江宇・施佩萱・黃哲彥　編著

第2版

 附贈線上題庫且持續更新

全華

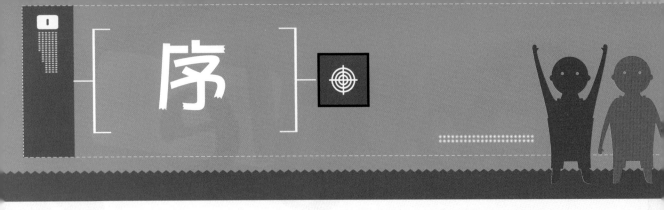

序

　　虛實整合的產業趨勢下，擁有大數據分析能力之人才無疑成為諸多企業最重視的一環。例如：2016年，全世界最大的實體零售商Wal-Mart以30億美元收購電商企業Jet.com。2015年，全世界最大的虛擬電商Amazon在西雅圖大學城開設第一家實體書店，甚至2017年為了搶佔長久以來虛擬通路較難跨入的生鮮市場，進而推出實體超市Amazon go，自此虛實整合機制開始蓬勃發展。為了因應這樣的產業趨勢，諸多企業更加重視大數據分析人才，希冀能將線上與線下所產生具有多樣性、快速性、大量性與真實性之資料整合分析，進而創造出專屬該企業所擁有之價值性策略。誠如2017年3月在台大校園舉辦的就業博覽會，其大數據分析相關職缺已達數千名，且起薪也相對於平均薪資較高，即可知道產業界目前對大數據分析人才之需求甚高。

　　因此，如同我們第一本「掌握行銷新趨勢：你不可不知的網站流量分析Google Analytics」專書所言，用Google Analytics進行網站流量分析的企業與日俱增，該項工具幾乎成為一般企業網站的基本配備，亦有越來越多求職者期望藉由考取Google Analytics證照(GAIQ)來強化個人履歷以取得企業的青睞。然而從2014年至今，我們常收到讀者詢問如何考取GAIQ及相關問題之訊息，也接觸到許多企業主在尋找網站流量分析人才的困境，如：考取GAIQ證照就等於掌握Google Analytics的實際操作與功能嗎？如何知道哪些求職者才是真正擁有Google Analytics的實作技能呢？有鑑於上述之需求，我們冀望在幫助莘莘學子考取證照之餘，對於Google Analytics介面操作有更深入的認識，並讓人資部門有測試相關能力的依據、建立錄取之基本門檻，減少企業缺乏相關人才卻無從判斷求職者專業度的窘境發生。

　　本書共分為三大章節：「考古題」、「模擬試題」與「GA百問」。第一章節「考古題」，整理出GAIQ考試中出現率極高的題目，並將相關試題分類，讓讀者能夠循序漸進地學習，在熟悉題目的過程中同時建立對於Google Analytics操作的基本知識；第二章節「模擬試題」，仿考古題的形式，為讀者複習第一章節所學習的知識，同時教導讀者在考古題中較少出現的重要觀念；第三章節「GA百問」內容來自於考生學習Google Analytics時常遇到的問題、較易混淆的名詞與功能，再加上進階功能與工具的操作題型，讓人資部門即使不具備相關知識也能依據企業需求對求職者進行測試。當然，讀者亦可藉由第三章節驗收前兩章節所學之成果。

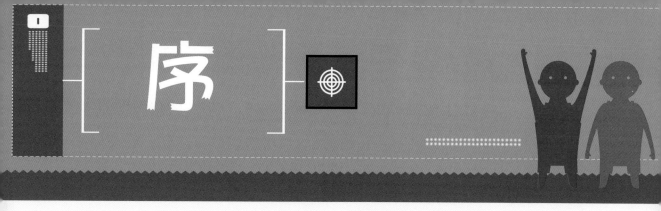

序

最後，本書能夠順利完成並出版，集結了來自各方的心血與付出，感謝過程中給予協助的所有相關人士，在 Google Analytics 快速改版的變動之下，撰寫過程中需不斷修改與更新，本團隊已竭盡全力呈現最新版本的內容給讀者，無奈書的出版會有時間落差，因此本團隊將成立一個平台不定期提供更新版的考題與資訊給所有買書的讀者，若仍有不足之處還望讀者多加包涵。

張佳榮　鄭凱文　施佈萱　黃哲彥

目錄

目錄

GAIQ考試簡介

　　Google官方為了提高證照的普及率，除了提供線上應試外，自 2014年起更將GAIQ的考試費用改為免費。加上此張證照具有國際認可且產業實際需求高的特性，諸多數位行銷與流量分析從業人員希冀能透過相關課程或自學的方式來取得該張證照，於是坊間的GA課程亦如雨後春筍般冒出。相較於部分需要應試費用且產業需求不高的證照，GAIQ可說是一張投資報酬率非常高的證照。因此，以下將介紹報考GAIQ的操作流程，讓有興趣考取GAIQ的讀者能清楚瞭解相關步驟並順利通過考試。

⊃ 如何報考GAIQ

　　自2018年1月起，GAIQ由Google Partner 移至「Academy for Ads廣告學院」，在Google搜尋輸入Academy for Ads，即可得到連結（如圖0-2紅框處）或直接輸入以下網址：https://landing.google.com/academyforads/#?modal_active=none

Google Academy for Ads

全部　　新聞　　圖片　　影片　　地圖　　更多　　　　　　設定　　工具

約有 654,000,000 項結果 (搜尋時間：0.42 秒)

Academy for Ads – Google
https://landing.google.com/academyforads/ ▾ 翻譯這個網頁
Benefits. Gain new digital skills. Our bite-sized courses are ready whenever you are. Set aside a few minutes for training from your laptop or mobile device ...

FAQs
Where does Academy for Ads fit with
Google's existing training ...

google.com 的其他相關資訊 »

◇ 圖 0-2

　　進到Academy for Ads的網站後，點選圖0-3紅框處的Start Now並登入Google帳戶再接受服務條款（圖0-4）

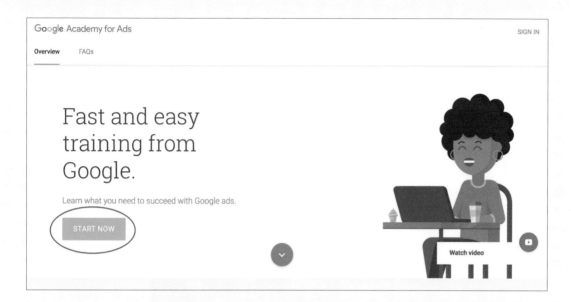

◇ 圖 0-3

GAIQ考試簡介

登入後來到個人頁面，點選圖0-5紅框處的Google Analytics(分析)，其中需注意的是，下方選取的語言同時也會是考題所呈現之語言。

圖 0-5

選擇圖0-6紅框處的個人認證

圖 0-6

再選取圖 0-7 紅框處的個人認證測驗。

🏆 完成獎
Google Analytics (分析) 個人認證
作者: Academy for Ads 發佈日期：2017年9月14日 3.5小時 中級
★★★★★ (25) ⚐報告
Google Analytics (分析)

Google Analytics (分析) 個人認證測驗涵蓋 Google Analytics (分析) 的多項基礎及進階概念，包括規劃與原則、實作與資料收集、設定與管理、轉換和歸屬，以及報表、指標與維度。

認證規定 ⌃
準備好評量你的數位分析最佳做法及 Google Analytics (分析) 平台相關知識了嗎？按一下即可開始測驗。

○ **Google Analytics (分析) 個人認證測驗** 1 小時

認識 Google Analytics (分析) 個人認證測驗 自選 ⌃
○ **Google Analytics (分析) 個人認證測驗應考指南** 1 小時
○ **Google Analytics (分析) 個人認證測驗應考指南** 1 小時

◇ 圖 0-7

　　接下來進到圖 0-8 之頁面，下方紅框處可以選擇試題的語言，目前 GAIQ 已提供繁體中文之題目，其他語言可以參考圖 0-9 紅框內之選項。語言選定好之後，全部試題都是以該語言呈現，應試過程中無法再更改語言。確定好語言之後，點選藍色圓圈內的開始，即會開始計時考試。

GAIQ考試簡介

◇ 圖 0-8

◇ 圖 0-9

　　共有70道考題，測驗時間為90分鐘（如圖0-10右上角紅框所示），達到超過80%，即56題，則通過測驗。正確題數不足、未在時間內完成測驗或中途關閉測驗，都視為不通過，同一帳號須等待24小時後，方能重新進行測驗。而考題為逐一呈現，當考生點選送出答案後，將無法回到上一頁修改。因此考生若對GA內容不夠熟悉時，將難以在時間內完成答題。

Google Analytics (分析) 個人認證測驗	1/70 01:29:25

問題 1 / 70

追蹤程式碼何時會傳送事件匹配給 Google Analytics (分析)？

◯ 每次使用者在日曆中新增活動時

◯ 每次使用者完成預訂時

◯ 每次使用者進行設定了網頁瀏覽追蹤的動作時

◯ 每次使用者進行設定了事件追蹤的動作時

下一個

◇ 圖 0-10

GAIQ考試簡介

⊃ GA示範帳戶存取教學

　　Google 提供了一個示範帳戶來讓有需要的使用者存取，此示範帳戶的目標網站 為 Google 的 電子商務網站 -Google Merchandise Store（網址為 https://shop.googlemerchandisestore.com/），此網站販賣 Google 的各種品牌商品，也包含 Google 旗下的品牌，Youtube、Android 與 Waze。

◇ 圖 0-11 Google Merchandise Store 網站首頁

　　任何人都可以免費存取此網站的 GA 資料，讀者閱讀本書時，可以搭配示範帳戶來練習操作 GA 與觀看報表資料。請讀者遵循以下步驟操作，來存取示範帳戶。就能夠取得進一步數據資料，跟著後續的章節進行練習。

⊃ 步驟一：

　　於 Google 搜尋引擎中搜尋「GA示範帳戶」，進入 GA 說明中心所提供之示範帳戶頁面（網址為 https://support.google.com/analytics/answer/6367342?hl=zh-Hant）

➲ 步驟三：

登入存取後，即可瀏覽該示範帳戶之報表數據，包含真實的電子商務資料。

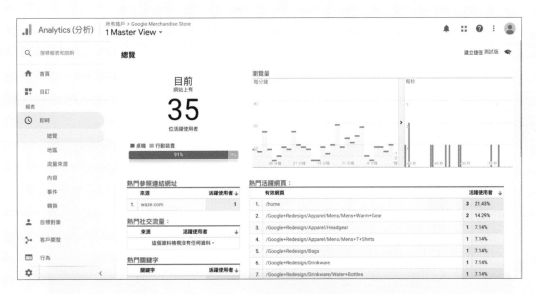

◇ 圖 0-14

全華題庫系統

全華COLA題庫系統——讀者使用說明

⊃ 步驟一：

　　登入網址：http://52.68.126.252/CHWA_COLA/reader.html

⊃ 步驟二：

　　若您還沒有帳號，請點選「申請帳號」，您的e-mail將會是您的帳號，請確認輸入正確。送出申請後系統會寄一封確認信至您的信箱，點選確認網址後，即可登入題庫系統。

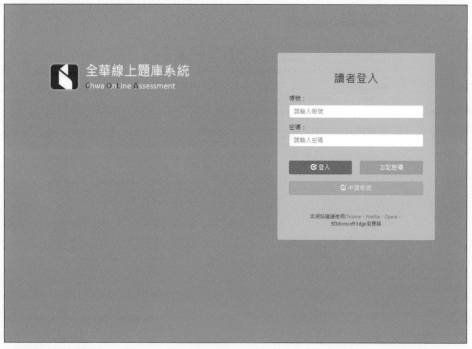

題庫注意事項：

• 請刮開封面內的刮刮卡，以取得書籍序號。

• 附贈線上題庫且持續更新。

• 題庫使用期限：從讀者登錄書籍序號的日期起算兩年。

⊃ 步驟三：

　　登入後，畫面分為「加入書籍」與「我的書籍」兩個區塊，若您購買的書籍沒有出現在「我的書籍」中，請將書上的序號輸入「加入書籍」的文字框，點選「加入」，系統確認序號有效後，此書即會顯示於「我的書籍」中。請注意，一本書的序號只能對應一個帳號。

⊃ 步驟四：

　　在「我的書籍」區塊中的表格，有「完成度」與「錯誤率」分析，點選右側的「練習」欄的鉛筆按鈕，即可進入該書的題庫。

全華題庫系統

○ 步驟五：

進入書籍題庫後，點選加號可攤開章節目錄，勾選您想要練習的章節。

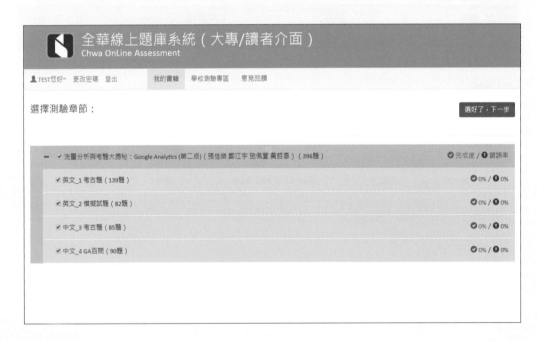

⊃ 步驟六：

選擇您想練習的測驗形式，共有四種形式，點選後可見詳細的說明。

全華線上題庫系統（大專/讀者介面）
Chwa OnLine Assessment

TEST您好~　更改密碼　登出　　我的書籍　學校測驗專區　意見回饋

選擇測驗型式：　　　　　　　　　　　　　　　　　　　　　　　　重選章節

10題快考

範圍全測（396題）

弱點特訓（0題）

模擬測驗

☑ 排除已答對之題目

⊃ 步驟七：

進入測驗的畫面，左側是題目，直接點選選項即可作答，右側是快速選擇題號的捷徑。作答完成後，請按右側的「交卷按鈕」，即可看到評分的結果。

全華線上題庫系統（大專/讀者介面）
Chwa OnLine Assessment

TEST您好~　更改密碼　登出　　我的書籍　學校測驗專區　意見回饋

流量分析與考題大揭秘：Google Analytics (第二版)（張佳榮 鄭江宇 施佩萱 黃哲彥）

《單選題》
以下哪個選項為GA無法蒐集的資訊？

☐ 行動裝置型號。

☐ 網路商店收益。

☐ 作業系統。

☐ 以上資訊皆可透過GA蒐集

☐ 興趣。

| 1 | 2 | 3 | 4 | 5 |
| 6 | 7 | 8 | 9 | 10 |

■=目前考題
■=未作答
■=已作答

交卷

－ ＋

下一題

全華題庫系統

➲步驟八：

　　交卷後可立即看到結果，藍底色為您作答時點選的選項，綠色框線標示的是正確答案。

➲步驟九：

　　右側顯示您的答對率，可點選「再來一次」繼續練習，或點選上排的「我的書籍」回到首頁。

Chapter 1 考古題

本章說明

　　在考古題的章節中，將題目區分為以下幾個主題：【GA基本架構】、【GA報表】、【GA報表之專有名詞】、【篩選器與區隔】、【來源與媒介】、【目標與事件】、【轉換】與【進階功能】，讓考生可以循序漸進地由基礎開始學習，並在做題目的過程中同時瞭解到GA的整體架構。另外，本章節收錄了GAIQ的英文與簡體中文考古題，而簡體中文題目皆附上繁體中文之翻譯，簡體中文與繁體中文有許多用詞差異甚大，考生在練習時可多加注意。其中簡體中文題庫的題目較少，多數題目都與英文題型重複，因此本書將相同題型之中英文題目並列，以幫助考生更有效率地學習並加深印象。

▌【GA 基本架構】

Q1 During data processing, Google Analytics:

(A) Transforms your raw data from collection according to your configuration settings.

(B) Aggregates your data into database tables.

(C) Imports data from other sources you have defined, like Google AdWords or Search Console.

(D) Organizes hits into sessions.

(E) All of these answers are correct.

解答 **E**

解析 GA可以依照分析者的設定來收集流量資料，並統整訪客在特定期間內的點擊情況、儲存於資料庫中的資料表，同時也可以從其他與Google相關的服務中匯入資料（如AdWords與Search Console等），因此此題答案為選項（E）。

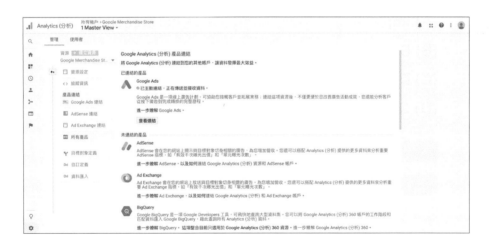

 圖 1-1

Q2 You want to create a measurement plan. What of the following should always be the first step?

(A) Setting up Google Analytics goals.

(B) Defining your overall business objective.

(C) Choosing the KPIs that you will use to assess your performance.

(D) Determining what segments you want to use for analysis.

(E) Outlining your digital strategies and tactics.

解答 **B**

解析 在網站流量分析中，衡量計畫就像指南針，指引分析者走向正確的分析方向，而在衡量計畫中的首要任務是必須先確定自身的整體經營目標為何，因此此題答案為選項（B）。

Q3 Which of the following is the first step of analytics planning?

(A) Implement Google Analytics to the website.

(B) Document your technical infrastructure.

(C) Decide an overall measurement plan and business objectives.

(D) Create an implementation plan.

解答 **C**

解析 此題詢問流量分析計畫中的第一步是什麼？首先需要制定整體的衡量計畫並確定經營的目標，如此一來才能有目的地收集數據，而非盲目地取得數據，在調用報表設定上也能符合整體需求。

○ 【簡體中文題型】

下列何者为分析计划的第一步？

(A) 实施 Google Analytics(分析)。

(B) 记录技术基础架构。

(C) 确定整体衡量计画和业务目标。

(D) 制定实施计划。

○ 【繁體中文翻譯】

下列何者為分析計劃的第一步？

(A) 實施 Google Analytics(分析)。

(B) 記錄技術基礎架構。

(C) 確定整體衡量計畫和業務目標。

(D) 制定實施計劃。

解答 **C**

Q4 When should you add Google Analytics Tracking Code to your site?

(A) At the beginning of your fiscal year only.

(B) Before documenting your business objectives.

(C) During measurement planning.

(D) After implementation planning.

解答 **D**

解析 此題詢問何時要將追蹤程式碼嵌入網站中？在完成流量分析執行規劃之後，才能有目的地收集流量資料，依需求對網站佈建追蹤程式碼，因此此題的答案為選項（D）。

● 【簡體中文題型】

下列何者为将Google Analytics添加到您的网站中适当时机？

(A) 仅在您的财年开始时。

(B) 在制定衡量计划时。

(C) 在记录业务目标之前。

(D) 在制定实施计划之後。

● 【繁體中文翻譯】

何時將Google Analytics追蹤程式碼添加到您的網站為適當時機？

(A) 僅在您的財政年度開始之際。

(B) 在制定衡量計畫之時。

(C) 在記錄業務目標之前。

(D) 在制定實施計畫之後。

解答 D

Q5 What is Digital Analytics?

(A) The analysis of qualitative data from your business.

(B) A process of continual improvement of the online experience.

(C) The analysis of data from your business and competition.

(D) The analysis of quantitative data from your business.

(E) All of these answers are correct.

解答 E

解析 本題詢問什麼是數位流量分析(Digital Analytics)？數位流量分析的定義為分析自身和競爭對手的量化(Quantitative)與質化(Qualitative)資料分析，分析目的是為了不斷改善訪客的線上體驗(Online Experience)，因此此題答案為選項(E)。

⊃ 【簡體中文題型】

數字分析是指

(A) 对公司定量资料的分析。

(B) 对公司定性资料的分析。

(C) 不断改进线上体验的过程。

(D) 对本公司资料及竞争对手的分析。

(E) 以上答案均正确。

⊃ 【繁體中文翻譯】

數位流量分析是指

(A) 對公司量化資料的分析。

(B) 對公司質化資料的分析。

(C) 不斷改進線上體驗的過程。

(D) 對本公司資料及競爭對手的分析。

(E) 以上答案均正確。

解答 **E**

Q6 **Your company has a website and a mobile app, and you want to track each separately in Google Analytics. How should you structure your account(s)?**

(A) One account, one property, no views.

(B) One account, two properties.

(C) One account, one property, one view because you can't use GA to track a mobile app.

(D) One account, one property, two views.

解答 **B**

解析 如圖1-2紅色框線所示，GA的帳戶層級結構為帳戶（Account）>資源（Property）>資料檢視（View）。帳戶層級可以視為一間公司或某個機構，而資源則可視為網站或是其它需獨立追蹤的個體，而GA會配置給每個資源一組獨特的GATC（Google Analytics Tracking Code，GA追蹤程式碼），因此若一間公司擁有不只一個網站，如服飾業者擁有電子商務網站與購物App，則帳戶底下會有不同的資源。而資料檢視則可視為網站底下有不同數據的報表內容，如僅含行動裝置流量的資料檢視。因此此題答案為選項（B），一個帳戶，兩個資源，一個資源追蹤網站，另一個則追蹤App。至於選項（C），GA可以追蹤網站與行動裝置（即為App）。

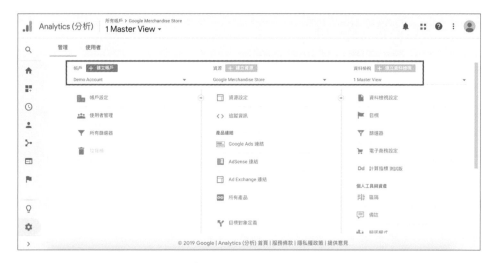

◇ 圖1-2

➲ 【簡體中文題型】

貴公司有一個網站和一款行動应用，您希望在Google Analytics中分別對其进行追踪。您应该如何安排帳户結構？

(A) 一个帐户，一个媒体资源，没有任何个数据视图。

(B) 一个帐户，两个媒体资源。

(C) 一个帐户，一个媒体资源，一个数据视图。

(D) 一个帐户，没有任何资源，两个数据视图。

【繁體中文翻譯】

貴公司有一個網站和一個行動應用程式（App），你希望在Google Analytics 中分別對其進行追蹤。你該如何安排帳戶層級結構？

(A) 一個帳戶，一個資源，沒有任何一個資料檢視。

(B) 一個帳戶，兩個資源。

(C) 一個帳戶，一個資源，一個資料檢視。

(D) 一個帳戶，沒有任何資源，兩個資料檢視。

解答 **B**

Q7 What is the hierarchy of the Google Analytics data model?

(A) Users > Sessions > Interactions.

(B) Interactions > Users > Sessions.

(C) Sessions > Visitors > Interactions.

(D) Sessions > Users > Interactions.

解答 A

解析 GA的資料模型層級架構是使用者（Users）>工作階段（Sessions）>互動（Interactions），而使用者可稱為訪客（Visitor），工作階段又稱為造訪（Visit），互動則稱為點擊行為（Hit）。這三者的關係可以用一間餐廳與「訪客」的關係來說明，某一位訪客可能來過餐廳不只一次，每一次來都是一次「造訪」，而在每次造訪時可能都跟餐廳店員產生不同的「互動」，例如進到餐廳後被告知已客滿，那在這次造訪中就只有一次互動，若成功的被店員帶位、點餐與付帳，就在一次造訪中產生了三次互動。因此此題答案為選項（A）。層級結構可參考圖1-3。

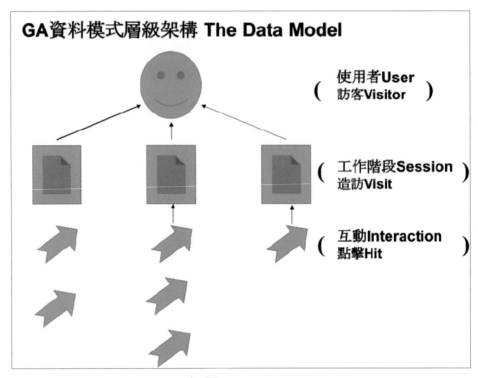

◇ 圖 1-3

⊃ 【簡體中文題型】

以下何者是Google Analytics數據模型的层级结构？

(A) 互动 > 用户 > 会话。

(B) 会话 > 访问者 > 互动。

(C) 会话 > 用户 > 互动。

(D) 用户 > 工作阶段 > 互动。

⊃ 【繁體中文翻譯】

下列何者是Google Analytics資料模型的層級結構？

(A) 互動 > 使用者 > 工作階段。

(B) 工作階段 > 使用者 > 互動。

(C) 工作階段 > 使用者 > 互動。

(D) 使用者 > 工作階段 > 互動。

解答 D

Q8 Which of the following is a "session" level interaction?

(A) Event.

(B) Pageview.

(C) Ecommerce transaction.

(D) Social interaction.

(E) None of these answers are correct.

解答 **E**

解析 此題詢問哪些選項的資料模式層級屬於工作階段（Session）層級？GA的資料模型層級結構可參考第7題解析，GA把一次造訪（Visit）稱作工作階段（Session），事件觸發（Event）、頁面瀏覽量（Pageview）、電子商務交易（Ecommerce transaction）與社交互動（Social interaction）都是屬於互動（Interaction）層級。因此此題答案為選項（E）。

Q9 In Google Analytics, which of the following would be tracked as "hit" types ?

(A) Pageviews.

(B) Transactions.

(C) Events.

(D) All of these answers are correct.

解答 **D**

解析 此題詢問哪些選項的資料模型層級屬於點擊(Hit)層級？參考第7與第8題詳解，可以得知選項(A)、(B)、(C)皆屬於點擊層級，因此答案為選項(D)。

Q10 You cannot restore a view once it is deleted.

(A) True. Deleted views cannot be restored at any time.

(B) False. You have 35 days to restore a view after it is deleted.

解答 **B**

解析 帳戶、資源與資料檢視被刪除後都會放置於垃圾桶中,垃圾桶中的項目經過35天後才會被永久刪除,因此網站管理員有35天的時間可從垃圾桶中復原已刪除項目,此題答案為選項(B)。註:垃圾桶位於「管理員 > 帳戶 > 垃圾桶」(如圖1-4紅色框線所示)。

◇ 圖1-4

➲ 【簡體中文題型】

數据視圖一旦被刪除,則无法再还原。

(A) 正确。已删除的数据视图在任何情况下都无法还原。

(B) 错误。数据视图被删除後,可以在35天内将其还原。

➲ 【繁體中文翻譯】

資料檢視一旦被刪除,則無法再還原。

(A) 正確。已刪除的資料檢視在任何情況下都無法還原。

(B) 錯誤。資料檢視被刪除後,可以在35天內將其還原。

解答 B

Q11 **When a new view is created, it will show the historical data from the first view you created for the property.**

(A) True. Any new view will include all historical website data.

(B) False. Views will report data from the day they are created.

解答 **B**

解析 新建立的資料檢視，會從建立當下開始記錄往後的流量，不會包含歷史數據，因此在建立GA帳戶並埋入程式碼時，需先制定整體的衡量計畫，將報表內容與資料檢視都先設定好，才不會有未來增加設定時遺漏歷史數據的狀況，此題答案為選項（B）。

➲【簡體中文題型】

当你创建新的数据视图时，新视图中会显示你为媒体资源所创建的第一个数据视图中的所有历史数据。

(A) 正确。任何新数据视图都会包含网站的所有历史数据。

(B) 错误。数据视图将显示从创建之日起的相关数据。

➲【繁體中文翻譯】

當你建立新的資料檢視時，新資料檢視中會顯示出該資源中所建立的第一個資料檢視中的所有歷史數據。

(A) 正確。任何新資料檢視都會包含網站的所有歷史數據。

(B) 錯誤。資料檢視將顯示從創建之日起的相關數據。

解答 **B**

Q12 **When you create a new Channel Grouping in a view, you can**

(A) immediately select it in Acquisition Overview and Channels reports.

(B) apply it retroactively and see historical data classified by your new channel definitions.

(C) change how reports display your data, without changing the data itself.

(D) Both A and C.

(E) All of the above are correct answers.

解答 **D**

解析 切記，GA對於資料的調動上具有「不可回溯性」，若套用了篩選器於資料檢視上，未來排除掉的流量資料便無法再取得，同樣的，新增的資料檢視亦無法查看建立日期以前的歷史資料。另一方面，資料檢視顧名思義，只屬於一種檢視資料的方式，並不會對資料直接進行修改，有鑑於此，流量分析師可透過建立不同的資料檢視，以不同的角度查看流量資料，而不會影響到資料本身，故僅有選項(A)與(C)正確。

⊃ 【簡體中文題型】

当你在数据视图中建立的新的渠道分组後，你可以：

(A) 立即在「流量获取概览」和「渠道」报告中选择此渠道分组。

(B) 将其运用至过去的数据，并查看依新渠道分类定义的历史数据。

(C) 不需改变数据本身，即可更改报告显示数据的方式。

(D) 选项A与C皆正确。

(E) 以上皆正确。

○ 【繁體中文翻譯】

當你在資料檢視中建立的新的管道分組後，你可以：

(A) 立即在「客戶開發總覽」和「頻道」報表中選擇此管道分組。

(B) 將其運用至過去的數據，並查看依新管道分類定義的歷史數據。

(C) 不需改變數據本身，即可更改報告顯示數據的方式。

(D) 選項A與C皆正確。

(E) 以上皆正確。

解答 D

Q13 A session in Google Analytics consists of：

(A) the reports generated by users over a specific period of time.

(B) interactions or hits from a specific user over a defined period of time.

(C) interactions or hits from a specific user for all time.

(D) a group of users getting together in person to discuss Analytics.

解答 B

解析 在GA中，一個工作階段(Session)指的是訪客在特定期間內和網站互動與點擊的情況，GA預設一個工作階段的時間長度為30分鐘(如圖1-5紅色框線處所示)，因此此題答案為選項(B)。註：工作階段逾時設定位於：「管理員 > 資源 > 追蹤資訊 > 工作階段設定」。

◇ 圖 1-5

Q14 **In Google Analytics , which situation would you want to increase the default session timeout length ?**

(A) The default session timeout length is set dynamically by Google Analytics and only Google can change it.

(B) Most of the users spend less than 2 minutes on each page of your site.

(C) The average length of videos on your website is 40 minutes.

(D) You need to start collecting Real-Time data.

解答 **C**

解析 此題詢問什麼情況下會需要增加 GA 所預設的工作階段時間長度？ GA 預設的工作階段時間長度是 30 分鐘，如果訪客在 30 分鐘內沒有與網站產生任何互動，GA 會將工作階段視為結束。網站上的平均影片時間長度為 40 分鐘時，如此一來訪客便很有可能在觀看影片時未與網站做其他互動，此舉將被視為工作階段結束的狀況，因此需要將預設的 30 分鐘延長，故此題答案為選項（C）。

⊃ 【簡體中文題型】

以下哪种情况会需要延长 Google Analytics(分析) 中的默认会话超时时长？

(A) 你网站上视频的平均时长为 35 分钟。

(B) 默认会话超时时长由 Google Analytics(分析) 动态设置，你无法进行更改。

(C) 正常情况下，使用者在你网站的每个网页上的停留时间短于 2 分钟。

(D) 你需要开始收集「实时」资料。

⊃ 【繁體中文翻譯】

以下哪種情況會需要延長 Google Analytics 中的預設工作階段逾時時長？

(A) 你網站上影片的平均時長為 35 分鐘。

(B) 預設工作階段超時時長由 Google Analytics 動態設置，你無法進行更改。

(C) 正常情況下，使用者在你網站的每個網頁上的停留時間短於 2 分鐘。

(D) 你需要開始收集「即時」資料。

解答 **A**

Q15 **A visitor comes to your site but stops looking at pages and generating events. Which of the following will occur by default?**

(A) The visitor's session expires after 5 minutes of inactivity.

(B) Google analytics does not keep track of sessions by default.

(C) The visitor's session expires after 30 minutes of inactivity.

(D) The visitor's session expires once the visitor has exited your site.

解答 C

解析 本題敘述訪客進站後並沒有持續瀏覽網站，且停止與網站產生事件的互動，但值得注意的是訪客卻並未離站，在預設情況下何者正確？參考第14題解析，GA預設的工作階段時間長度是30分鐘，若訪客在30分鐘內沒有與網站產生任何互動，GA會將工作階段視為結束，因此此題答案為選項（C）。

Q16 **Which of the following are the possible uses of views within a single GA account?**

(A) To look more closely at traffic to a specific part of the site (a page or selection pages).

(B) To look more closely at traffic to a specific subdomain.

(C) To limit a user's access to a segment of data.

(D) All of these are possible uses of views.

解答 D

解析 資料檢視(Views)搭配GA中的各項功能可進行多元的應用，如下圖所示。選項(A)更詳盡地觀察特定流量，可由資料檢視搭配篩選器來達成；選項(B)GA可以記錄主網域與其子網域所發生之流量，透過資料檢視搭配篩選器亦可單純觀察子網域(Subdomain)流量；而選項(C)使用資料檢視搭配篩選器可區分出特定區隔流量，再運用使用者管理來限制特定使用者查看報表，因此此題答案為選項(D)以上皆是。

◇ 圖 1-6

● 【簡體中文題型】

在单个Google Analytics帐户中使用数据视图可以达到以下何种目的？

(A) 更细致地分析网站特定部分(某个网页或一组网页)的流量。

(B) 更细致地分析特定子域的流量。

(C) 限制用户对一部份数据的访问权限。

(D) 以上皆是。

● 【繁體中文翻譯】

在單個Google Analytics帳戶中使用資料檢視可以達到以下何種目的？

(A) 更詳細地分析網站特定部分(某個網頁或一組網頁)的流量。

(B) 更詳細地分析特定子網域的流量。

(C) 限制用戶對一部份數據的造訪權限。

(D) 以上皆是。

解答 D

Q17 **What are the four main parts of the Google Analytics platform?**

(A) Collection, Configuration, Processing, and Reporting.

(B) Configuration, Processing, Reporting, and Recollection.

(C) Collection, Processing, Continuation, and Reporting.

(D) Configuration, Collection, Progressing, and Reporting.

解答 **A**

解析 GA平台能順利運作的四大要素分別為收集（Collection）、設定（Configuration）、處理（Processing）及報表（Reporting）。

Q18 **When do the Google Analytics terms of Service permit sending personally identifying information (PII) to Google?**

(A) When encrypted.

(B) In custom campaigns only.

(C) Never.

解答 **C**

解析 此題詢問何種情況下GA的服務條款會允許將個人的隱私資料傳送給 Google？Google的服務條款中明文禁止任何傳送個人隱私資料的行為，因此此題答案為（C）。

➲ 【簡體中文題型】

在哪些情况下，Google Analytics服务条款允许向Google发送个人身份资讯？

(A) 在加密时。

(B) 仅限於自订广告系列中。

(C) 不论哪种情况，一律不会发送个人身份讯息。

⊃ 【繁體中文翻譯】

在哪些情況下，Google Analytics服務條款允許向Google發送個人身份資訊？

(A) 在加密時。

(B) 僅限於自訂廣告系列中。

(C) 不論哪種情況，一律不會發送個人身份訊息。

解答 **C**

Q19 Which of the following dimensions cannot be shown in your Google Analytics report?

(A) Address.

(B) City.

(C) Country/Territory.

(D) Region.

解答 **A**

解析 在GA中的地區維度，最小可以顯示到訪客所處的城市（如圖1-7紅色框線處所示），但不會顯示訪客的地址，由第18題解析可知，Google的服務條款中禁止任何傳送個人隱私資料的行為，訪客的個人隱私資料，如地址或 IP 位址等，不會顯示在報表當中，因此此題答案為選項(A)。

◇ 圖 1-7

Q20 The Measurement Protocol is a standard set of rules for collecting and sending hits to GA What can you do with the Measurement Protocol?

(A) Send data to GA from any web-connected device.

(B) Send data to GA from a kiosk or a point of sale system.

(C) Upload aggregated data table to GA.

(D) A and B only.

(E) A, B, and C.

解答 **D**

解析 網站管理員可以透過衡量通訊協定（Measurement Protocol）將任何與網路連接的裝置資料傳送給GA，但是衡量通訊協定只能用來蒐集訪客互動的數據，而不能上傳彙整後的資料，如表格。

Q21 Google Analytics can collect behavioral data from which systems?

(A) E-commerce platforms.

(B) Mobile Applications.

(C) Online point-of-sales systems.

(D) All of the above.

解答 **D**

解析 選項(A)、(B)、(C)分別使用 GATC (Google Analytics Tracking Code)、Google Analytics Services SDK (Software Development Kit) 以及 Measurement Protocol 來採集訪客行為資料，故答案為三者皆是。

Q22 Which of the following answers describe the differences between first-party cookies and third-party cookies?

(A) Third-party cookies are more persistent than first-party cookies.

(B) Third-party cookies contain only one parameter whereas first-party cookies contain over one parameters.

(C) Third-party cookies are conveyed by the website you visited while first-party cookies are delivered by different websites than the one you visited.

(D) First-party cookies are conveyed by the website you visited while third-party cookies are delivered by different websites than the one you visited.

解答 D

解析 Cookies 依發送來源的不同而分為第一方（first-party）與第三方（third-party），第一方cookies 來自訪客正在造訪的網站，第三方cookies 則是由正在造訪以外的其他網站所發送，因此此題答案為選項（D）。其中，依照存續時間的不同，亦可分為持續性（persistent）與暫時性（temporary）cookies，持續性cookies 在訪客初次進站時發送至訪客電腦，持續時間長達兩年，暫時性cookies 在訪客每次進站時的工作階段發送，此二種為不同的分類方式，第一方與第三方cookies 可以是持續性或是暫時性cookies，因此其他選項為錯誤。

Q23 What is the reason that leads to temporary cookies differ from persistent cookies?

(A) Temporary cookies are deleted when you shut the browser down.

(B) Temporary cookies cannot survive for more than half an hour.

(C) Persistent cookies are delivered by a first-party website.

(D) Persistent cookies can be removed but temporary cookies are undeletable.

解答 A

解析 由第22題解析可以得知持續性與暫時性cookies的定義，兩者不同的點在於，暫時性cookies會在瀏覽器關閉的同時被刪除，而持續性cookies會繼續保留在硬碟中，除非使用者清除硬碟中的cookies，否則可在硬碟中保存兩年，GA即是透過判斷硬碟中的該網站持續性cookies來判斷訪客為新訪客或回訪客，因此此題答案為選項（A）。

Q24 Why Google Analytics treats visitors as new even if they had been to the website?

(A) Because cookies are blocked by the visitor.

(B) Because the cookies are removed by the visitor after her/his first site visit.

(C) Because the last visit occurred 8 months ago.

(D) Because JavaScript support of the browser is disabled.

(E) Both A and B are correct answers.

(F) A,B,and C are correct answers.

解答 **E**

解析 從第23題解析可得知，GA是透過判斷硬碟中有沒有該網站的持續性cookies來判斷訪客為新訪客或回訪客，若訪客將cookies功能封鎖，GA便無法得知訪客的硬碟中是否已儲存了持續性cookies，而網站也無法發送cookies至訪客電腦。另一方面，若訪客清除硬碟中的cookies，GA所使用的持續性cookies也會被刪除，如此一來GA只能將該使用者認定為新訪客，因此選項（A）與（B）正確。用於辨識新舊訪客的持續性cookies存續時間為兩年，八個月後還是可以判斷，因此選項（C）錯誤。JavaScript會影響GATC的運作，但不會對cookies造成影響，因此此題答案為選項（E）。

▼ 【GA報表】

Q25 Which of the following would you use to show two date ranges on the same report?

(A) Secondary dimension.

(B) Motion charts.

(C) Plot rows.

(D) Pivot table.

(E) Date comparison.

解答 **E**

解析 要將兩段日期區間的流量資料呈現於同一個報表中，可使用日期比較（Date comparison），因此此題答案為選項（E）。日期比較的操作方法可參考圖1-8，點選報表右上方的日期選項，並在紅框處勾選，即可選擇另一段日期區間。

◇ 圖 1-8

⊃ 【簡體中文題型】

要在同一图表上显示两个日期范围，您应该使用以下哪个功能？

(A) 数据透视表。

(B) 日期比较。

(C) 动态图表。

(D) 次级维度。

● 【繁體中文翻譯】

要在同一圖表上顯示兩個日期範圍，您應該使用以下哪個功能？

(A) 數據透視表。

(B) 日期比較。

(C) 動態圖表。

(D) 次要維度。

解答 B

Q26 **You want to immediately find out whether people are viewing the new content that you just added today. Which of the following would be most useful?**

(A) Real-Time.

(B) Annotations.

(C) Intelligence Alerts.

(D) Secondary Dimensions.

解答 A

解析 分析者可從即時報表（Real-Time）即時得知當下網站上有幾個訪客、這些訪客進站的來源與正在瀏覽的內容等，除了即時報表之外，其他報表無法馬上顯示流量，需要最多24小時的時間才能將過去的流量完整呈現於報表中，因此此題答案為選項（A）。

● 【簡體中文題型】

您需要立即了解使用者是否瀏覽了您今天剛剛添加的新內容，以下哪項能夠在這方面提供最多幫助？

(A) 实时。

(B) 注释。

(C) 智能提醒。

(D) 次级维度。

⊃ 【繁體中文翻譯】

您需要立即瞭解使用者是否瀏覽了您今天剛剛添加的新內容，以下哪項能夠在這方面提供最多幫助？

(A) 即時。

(B) 註解。

(C) 智能提醒。

(D) 次要維度。

解答 **A**

Q27 **Which of the following would most quickly allow you to determine whether the GA code snippet is working on a specific website page?**

(A) Secondary dimensions.

(B) Annotations.

(C) Intelligence Alerts.

(D) Real-Time.

解答 **D**

解析 從第26題解析中可以知道，即時報表（Real-Time）是唯一可以即時顯示出流量的報表，因此此題答案為選項（D），分析者可以從即時報表中確認GATC是否正確嵌入網站中並開始運行。

⊃ 【簡體中文題型】

利用以下哪几项可最快判断出Google Analytics代码片段是否在特定网页上正常工作？

(A) 智能提醒。

(B) 实时。

(C) 次级维度。

(D) 注释。

➲【繁體中文翻譯】

利用以下哪幾項可最快判斷出Google Analytics程式碼片段是否在特定網頁上正常工作？

(A) 情報快訊提醒。

(B) 即時。

(C) 次要維度。

(D) 註解。

解答 **B**

Q28 Which one of the following options cannot be shown in Real-Time report?

(A) Pageviews per second.

(B) Total number of visitors today.

(C) Pageviews per minute.

(D) Active number of visitors .

解答 **B**

解析 從前幾題解析中可以得知，即時報表顯示的是當下訪客行為，而非過去一段時間的流量彙總，因此此題答案為選項（B），而每分鐘與每秒鐘的瀏覽量（Pageviews）都可以從即時報表中得知，可參考圖1-9。

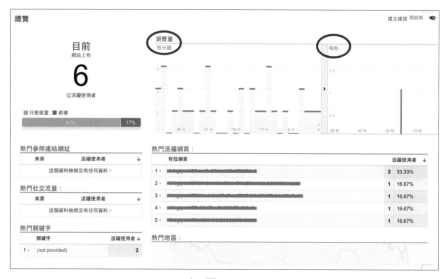

◇ 圖1-9

Q29　True or False: You can see how many visitors are accessing your website in Real-Time report.

(A) True.

(B) False.

解答 **A**

解析 如圖1-10所示，分析者可從即時報表中得知有幾個訪客正在瀏覽網站，因此此題答案為選項(A)。

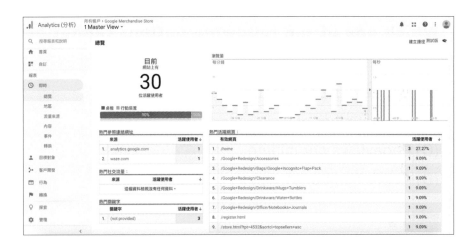

◇ 圖 1-10

Q30　Which of the following technologies or features can be used to add data to Google Analytics?

(A) Real-Time, Intelligence.

(B) Cost Data Import, Dimension Widening.

(C) Cost Data Import, Intelligence.

(D) Cost Data Import, Real-Time.

解答 **B**

解析 即時報表（Real-Time）與情報快訊活動（Intelligence）都屬於資料讀取的分析項目，無法將資料寫進GA中，而維度擴增（Dimension Widening）與成本資料匯入（Cost Data Import）則可將資料寫入GA當中。

Q31 Using the goal flow report, which of the following questions can be solved?

(A) Is there a place in my funnel where traffic loops back to the beginning of the conversion process to start over?

(B) All of these can be solved using the goal flow report.

(C) Do users usually start my conversion process from the first step or somewhere in the middle?

(D) In the middle of my conversion funnel, are there a lot of unexpected exits from a step?

(E) Are there any steps in my conversion process that don't perform well on mobile devices compared to desktop devices?

解答 **B**

解析 目標流程報表(Goal Flow Report)位於轉換 > 目標 > 目標流程，以流程圖的方式來說明訪客達成目標前的所有歷程。選項(A)欲得知流量是否在管道中某處回到轉換原點，並重複循環；選項(C)欲得知訪客通常在第一步驟或管道中間處產生轉換；選項(D)欲得知轉換管道中是否有某個步驟存在大量非預期跳出的狀況；選項(E)欲得知是否有哪個步驟，行動裝置的成效較桌上型電腦為差。選項(A)、(C)、(D)可由流程中得知，而選項(E)可使用區隔來得知。因此此題答案為選項(B)。

⊃ 【簡體中文題型】

使用「目标流」报告可以回答以下哪几个问题？

(A) 所有选项均可使用「目标流」报告回答。

(B) 转换管道中间的某个步骤是否存在大量意外地退出情况？

(C) 流量是否会在管道的某个位置回到转换流程的开头，又重新开始整个流程？

(D) 访客者通常从第一个步骤还是中间的某个位置开始转换流程？

(E) 对於转换流程中的步骤，是否有一些步骤在行动设备上的效果要比在桌上型设备上的效果差？

⊃ 【繁體中文翻譯】

使用「目標流程」報表可以回答以下哪幾個問題？

(A) 所有選項均可使用「目標流程」報表回答。

(B) 轉換管道中間的某個步驟是否存在大量意外地退出情況？

(C) 流量是否會在管道的某個位置回到轉換流程的開頭，又重新開始整個流程？

(D) 訪客通常從第一個步驟還是中間的某個位置開始轉換流程？

(E) 對於轉換流程中的步驟，是否有一些步驟在行動裝置上的效果要比在桌上型裝置上的效果差？

解答 A

Q32 You want to explore traffic metrics by age and gender. Which of the following sections in Google Analytics will be most useful?

(A) Conversion.

(B) Acquisition.

(C) Audience.

(D) Admin.

(E) Behavior.

解答 C

解析 欲從年齡與性別這兩個類別去研究流量數據，可以透過目標對象（Audience）中的客層報表，如圖 1-11 紅色框線處所示。

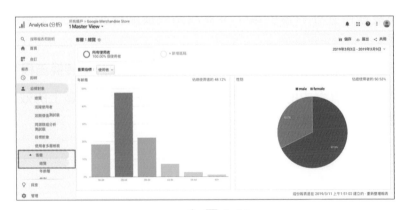

◇ 圖 1-11

Q33 **You want to know the percent of your site traffic that has already been to your site before, which of the following reports would you use?**

(A) All traffic – Referrals report.

(B) Behavior – Frequency & Recency report.

(C) Behavior – New vs Returning report.

(D) Interests – Affinity categories report.

(E) Ecommerce – Sales performance report.

解答 **C**

解析 此題欲得知來自於回訪客的流量比率，新訪客與回訪者（New vs Returning report）報表顯示內容為新舊訪客的參訪行為（可見圖1-12-1），回訪客的工作階段比率即為紅色框線處的54.10%，而頻率與回訪率（Frequency & Recency report）報表著重在分析訪客再次與網站互動所需的時間（可見圖1-12-2），因此此題答案為選項（C）。此二報表的名稱與內容較易混淆，讀者可藉由實際觀看GA報表來提升熟悉度。

使用者類型 ?		客戶開發			行為		
		工作階段 ? ↓	% 新工作階段 ?	新使用者 ?	跳出率 ?	單次工作階段頁數 ?	平均工作階段時間長度 ?
		549 % 總計: 100.00% (549)	45.90% 資料檢視平均值: 45.90% (0.00%)	252 % 總計: 100.00% (252)	75.05% 資料檢視平均值: 75.05% (0.00%)	1.84 資料檢視平均值: 1.84 (0.00%)	00:05:37 資料檢視平均值: 00:05:37 (0.00%)
1.	Returning Visitor	297 (54.10%)	0.00%	0 (0.00%)	79.12%	1.63	00:07:17
2.	New Visitor	252 (45.90%)	100.00%	252 (100.00%)	70.24%	2.09	00:03:40

◇ 圖 1-12-1

工作階段數	工作階段	瀏覽量
1	252	526
2	28	94
3	7	10
4	7	43
5	3	3
6	3	5
7	2	14
9-14	4	5
15-25	6	12
201+	237	297

◇ 圖 1-12-2

⊃ 【簡體中文題型】

你会使用以下哪种报告，来判断网站流量中过去曾访问过您的网站的百分比？

(A)「所有流量-参照连结网址」报告。

(B)「行为-频率与回访率」报告。

(C)「行为-新访客与回访者」报告。

(D)「兴趣-兴趣相似类别」报告。

(E)「电子商务-销售业绩」报告。

⊃ 【繁體中文翻譯】

你會使用以下哪種報表，來判斷網站流量中過去曾訪問過您的網站的百分比？

(A)「所有流量-參照連結網址」報表。

(B)「行為-頻率與回訪率」報表。

(C)「行為-新訪客與回訪者」報表。

(D)「興趣-興趣相似類別」報表。

(E)「電子商務-銷售業績」報表。

解答 **C**

Q34 Which of the following information can you get from the Landing Pages report?

(A) To realize your high bounce rate landing pages.

(B) To see where visitors are entering the website.

(C) To know your most popular site pages.

(D) To know where your visitors are exiting the website.

(E) Both A and B are correct answers.

解答 **E**

解析 訪客進站的網頁即為到達網頁，到達網頁報表（Landing Pages report）位於行為＞網頁內容＞到達網頁，參考圖1-13紅色框線處可得知，報表中的到達網頁按工作階段次數由高到低排列，若點擊「工作階段」旁邊的↓則會由低至高排列，管理者可從中得知工作階段次數最多與最少的到達網頁，也能從跳出率欄位得知每個到達網頁的跳出率，因此選項（A）、（B）皆正確。選項（C）欲得知最受歡迎的網頁需由「所有網頁」報表，「到達網頁」報表僅能得知最受歡迎的到達網頁，而選項（D）訪客離站的網頁可由「離開網頁」報表得知。此題答案為選項（E）。

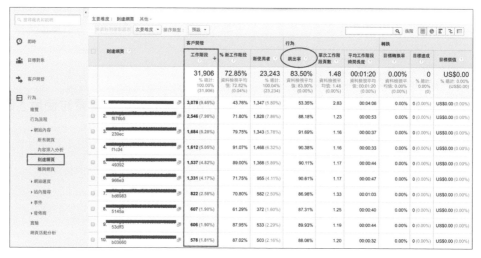

◇ 圖1-13

Q35 Which reports allows you to find out the terms visitors use to conduct searches within your site?

(A) Site Search report.

(B) Keyword report.

(C) Search Engine Optimization report.

(D) Affinity Categories.

解答 A

解析 站內搜尋報表（Site Search report）可以紀錄發生在網站「內部」的搜尋行為（如圖1-14紅色框線處所示），如在線上購物商城中搜尋欲購買之商品，即為站內搜尋，因此此題答案為選項（A）。而位於客戶開發-AdWords中的關鍵字報表（Keyword report），則是用來記錄及分析AdWords付費關鍵字廣告，不符合此題之需求。

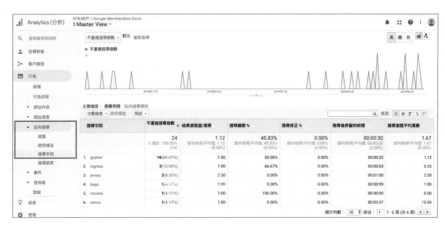

◇ 圖 1-14

⊃ 【簡體中文題型】

您可以使用以下哪种报告去了解访客在您的网站中搜索时使用了哪些字词?

(A)「网站搜索」报告。

(B)「关键字」报告。

(C)「搜寻引擎优化」报告。

(D) 兴趣相似类别。

⊃ 【繁體中文翻譯】

您可以使用以下哪種報告去瞭解訪客在您的網站中搜索時使用了哪些字詞?

(A)「站內搜尋」報表。

(B)「關鍵字」報表。

(C)「搜尋引擎優化」報表。

(D) 興趣相似類別。

解答 A

Q36 You found that the goal conversion rate in your site search term report is quite different from the goals menu report, which of the following is the most likely reason?

(A) Of those who perform a search during their visit, fewer are likely to convert.

(B) The site search term report is only able to show goal conversion rates for one of your goals.

(C) Not all visits include a site search; only those which did are included in the conversion rate calculation in the site search term report.

(D) This is a bug; the figures should match.

解答 **C**

解析 此題詢問站內搜尋（Site Search）報表的轉換率為何與一般報表不同？在一般報表中，轉換率的計算公式為：完成轉換人數/所有人數；而在站內搜尋報表中，計算公式則為：使用過站內搜尋且完成轉換的人數/使用過站內搜尋的人數，只有使用過站內搜尋的流量會被納入站內搜尋報表中，兩者所使用的數據資料不同，所得到的轉換率亦會不同，因此此題答案為（C）。

Q37 Which of the following types of data cannot be collected and reported in the Site Speed reports?

(A) Button click response time.

(B) Page-load time for a sample of pageviews on your site.

(C) How quickly the browser parses a page and makes it available for user interaction.

(D) How quickly images load.

(E) All of these can be tracked by the Site Speed reports.

解答 **E**

解析 此題詢問分析者無法從「網站速度報表」(Site Speed reports)中得到哪項資料？如圖1-15紅色框線處所示，選項(A)按鈕點擊的回應時間與選項(C)圖片的載入速度，可以從「使用者傳輸時間」報表得知，選項(B)可從「總覽」報表中的「平均網頁載入時間(秒)」得知，此數據以抽樣方式來計算出網頁載入的平均需時，而選項(C)則可以從「總覽」報表中的「伺服器連線平均需時(秒)」得知，因此此題答案為選項(E)，以上皆是。

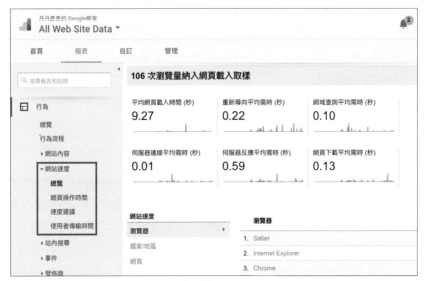

◇ 圖 1-15

⊃ 【簡體中文題型】

透过「网站速度」报告无法收集和报告以下哪几类数据？

(A) 按钮点击的回应时间。

(B) 对网页浏览量进行采样时，您的网站的网页载入时间。

(C) 浏览器解析网页并使其做好接受用户互动准备的速度。

(D) 图片的加载速度。

(E) 以上各项都是「网站速度」报告追踪的内容。

◯ 【繁體中文翻譯】

透過「網站速度」報表無法收集和報告以下哪幾類數據？

(A) 按鈕點擊的回應時間。

(B) 對網頁瀏覽量進行抽樣時，您的網站的網頁載入時間。

(C) 瀏覽器解析網頁並使其做好接受用戶互動準備的速度。

(D) 圖片的加載速度。

(E) 以上各項都是「網站速度」報表追蹤的內容。

解答 **E**

Q38 **If you want to know the most popular content on your website. Which of the following sections will have this report information by default?**

(A) Audience.

(B) Acquisition.

(C) Behavior.

(D) Search.

(E) Conversion.

解答 **C**

解析 此題詢問從哪個報表可以得知網站中最受歡迎的內容？在「行為報表 (Behavior) > 行為流程 > 網站內容 > 所有網頁」中，可以得到網站中每一個網頁的流量資料（如圖 1-16 所示），因此此題答案為選項 (C)。

行為		網頁 ❓		瀏覽量 ❓ ↓	不重複瀏覽量 ❓
總覽				**682** % 總計: 100.00% (682)	**581** % 總計: 100.00% (581)
行為流程					
▼ 網站內容		1. /		**497** (72.87%)	419 (72.12%)
所有網頁		2. /analytics/		**82** (12.02%)	70 (12.05%)
內容深入分析		3. /web-design-and-seo/		**69** (10.12%)	60 (10.33%)
到達網頁		4. /augmented-reality/		**34** (4.99%)	32 (5.51%)
離開網頁					

◇ 圖 1-16

Q39 **Which of the following criteria cannot be used to create a custom segment?**

(A) Sequences of user actions

(B) Dimensions.

(C) Ad type.

(D) Metrics.

解答 **C**

解析 區隔(segment)功能可以集結多個維度和指標的篩選，用以過濾報表和資訊主頁等，可設定項目包含「客層」、「技術」、「行為」、「流量來源」、「最初工作階段日期」與進階的「條件」和「順序」。而其中GA並無「廣告類型」的維度，與廣告相關的設定僅有「流量來源」中的「廣告活動」設定。

⊃ 【簡體中文題型】

下列哪个条件无法用於创建自定义细分？

(A) 用户操作顺序。

(B) 维度。

(C) 广告类型。

(D) 指标。

⊃ 【繁體中文翻譯】

使用者無法依據下列哪一項條件建立「自訂區隔」？

(A) 使用者動作的順序。

(B) 維度。

(C) 廣告類型。

(D) 指標。

解答 **C**

Q40 Which reports require the activation of Advertising Features

(A) Cohort Analysis reports.

(B) Real-time reports.

(C) Geo reports.

(D) Demographics and interests reports.

(E) Site Search reports.

解答 **D**

解析 客層與興趣報表（Demographics and interests reports）需要開啓「客層分析功能」、或者至管理介面去修改「資源設定」的廣告功能，才能啓用客層和興趣報表，否則系統將不會顯示此報表之數據統計。

Q41 You receive an intelligence alert notifying you that there has been an unexpected spike in your traffic Which of the following could be possible reasons for this spike?

(A) New pages or subdomains have been recently indexed in organic search.

(B) There is a new referral source that is directing a lot of new traffic to your site.

(C) The tracking code has been altered and is reporting incorrectly.

(D) There is unidentified referral traffic that is likely bot traffic.

(E) All of the above.

解答 **E**

解析 上述所有選項皆可能導致網站流量的激增，而造成網站流量起伏的原因相當多種，分析者在探究其緣由時應多方考量，除了網站本身的肇因外，亦需要外部的變因（如搜尋引擎、網路時事等），如此一來才能對網站流量分析有更全面的剖析。

⊃ 【簡體中文題型】

你收到一則情報快訊，通知你流量意外激增。以下哪些是流量激增可能的原因？

(A) 新的网页或子域名最近被编入了自然搜索的索引。

(B) 新的推荐来源将大量新流量引导至你的网站。

(C) 追踪代码被修改，导致报告数据有误。

(D) 出现未知的推荐流量，可能为漫游器流量。

(E) 以上皆是。

⊃ 【繁體中文翻譯】

你收到一則情報快訊，通知你流量意外激增。以下哪些是流量激增可能的原因？

(A) 新的網頁或子域名最近被編入了隨機搜索的索引。

(B) 新的推薦來源將大量新流量引導至你的網站。

(C) 追蹤代碼被修改，導致報告數據有誤。

(D) 出現未知的推薦流量，可能為垃圾流量。

(E) 以上皆是。

解答 E

Q42 If you should consider expanding your advertising to new markets. Which of the following report would you use?

(A) Frequency and recency reports.

(B) Location and Language reports.

(C) Intelligence events.

(D) Source/Medium report.

解答 B

解析 從地區（Location）和語言（Language）報表中可以得知訪客來自的國家/城市與使用的語言（如圖1-18所示），對於拓展市場時是十分有用的資訊，可以從這些資料中得知哪些區域的市場存在著潛在客戶，或哪些區域的市場尚有許多努力空間，此題答案為選項（B）。

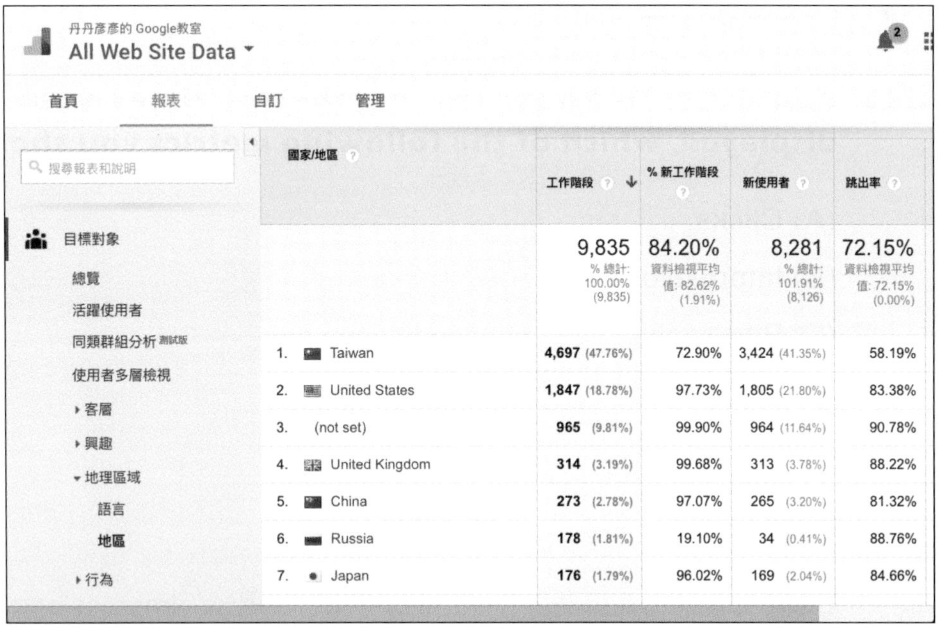

◇ 圖 1-18

國家/地區	工作階段 ↓	% 新工作階段	新使用者	跳出率
	9,835 % 總計: 100.00% (9,835)	84.20% 資料檢視平均 值: 82.62% (1.91%)	8,281 % 總計: 101.91% (8,126)	72.15% 資料檢視平均 值: 72.15% (0.00%)
1. Taiwan	4,697 (47.76%)	72.90%	3,424 (41.35%)	58.19%
2. United States	1,847 (18.78%)	97.73%	1,805 (21.80%)	83.38%
3. (not set)	965 (9.81%)	99.90%	964 (11.64%)	90.78%
4. United Kingdom	314 (3.19%)	99.68%	313 (3.78%)	88.22%
5. China	273 (2.78%)	97.07%	265 (3.20%)	81.32%
6. Russia	178 (1.81%)	19.10%	34 (0.41%)	88.76%
7. Japan	176 (1.79%)	96.02%	169 (2.04%)	84.66%

【GA報表之專有名詞】

Q43 **You want to know the number of times your ads were displayed, which of the following metrics you should use?**

(A) Clicks.

(B) Impressions.

(C) Pageviews.

(D) CTR.

(E) Visits.

解答 **B**

解析 此題欲得知付費廣告的「展示次數」，曝光（Impressions）即表示廣告的顯示次數，此題答案為選項（B）。而點擊（Clicks）是該廣告被使用者點擊的次數，與展示次數不同。

⊃ 【簡體中文題型】

以下哪項指標为你广告的展示次数？

(A) 网页浏览量。

(B) 点击率。

(C) 展示次数。

(D) 访问次数。

⊃ 【繁體中文翻譯】

以下哪項指標為你廣告的展示次數？

(A) 瀏覽量。

(B) 點擊率。

(C) 曝光。

(D) 造訪次數。

解答 **C**

Q44 What is bounce rate?

(A) The number of times absolute unique visitors revisited to your website.

(B) The percentage of sessions for which the visitor can be recorded as unique visitor.

(C) The percentage of website exits.

(D) The percentage of visits to your website where the visitor visited only one page and consequently left without further interaction on your website.

解答 **D**

解析 訪客進入到達網頁之後，沒有連結到其他網頁，即從到達網頁離站的比率稱為「跳出率」（bounce rate），因此此題答案為選項（D）。

Q45 If a user views one page of your website, and completes an event on this page , and then leaves the site, this session will be counted as a bounce in GA.

(A) True: A session is considered a 'bounce' if the user views one page of the site and then leaves.

(B) False: Because there was more than one interaction hit in the session (pageview hit and event hit) this session would not be counted as a bounce.

解答 **B**

解析 由第44題解析可知，因該使用者有與網站產生一個以上的點擊互動（包含瀏覽網頁以及完成事件），即使最後從到達網頁離站，仍不算跳出，故答案應為B。

➲ 【簡體中文題型】

若一位用户浏览了网站中的一个网页，在这个网页上完成了一个事件后离开网站，则此次工作阶段会在 Google Analytics 中计为一次跳出。

(A) 正确。若用户仅浏览了网站中的一个网页就后离开，则该次会话会被视为 "跳出" "。

(B) 错误。因为该次会话有不只一次的互动匹配（网页浏览匹配和事件匹配），所以该次工作阶段不会被视为跳出。

➲ 【繁體中文翻譯】

若一位用戶瀏覽了網站中的一個網頁，在這個網頁上完成了一個事件後離開網站，則此次工作階段會在 Google Analytics 中計為一次跳出。

(A) 正確。若用戶僅瀏覽了網站中的一個網頁就後離開，則該次工作階段會被視為 "跳出" "。

(B) 錯誤。因為該次工作階段有不只一次的互動匹配（網頁瀏覽匹配和事件匹配），所以該次工作階段不會被視為跳出。

解答 B

Q46 Which of the following would be most useful for optimizing landing pages?

(A) Unique visits.

(B) Visits.

(C) Unique Pageviews.

(D) Bounce Rate.

(E) Pageviews.

解答 D

解析 如圖1-19紅色框線處所示，到達網頁（Landing Page）的跳出率愈高，表示有愈多進入該網頁的訪客並未瀏覽其他網頁便離站，換言之，該網頁對於留住訪客的貢獻也愈小，因此跳出率是評估到達網頁的重要指標，分析者可由此判斷到達網頁是否有進行優化之必要。

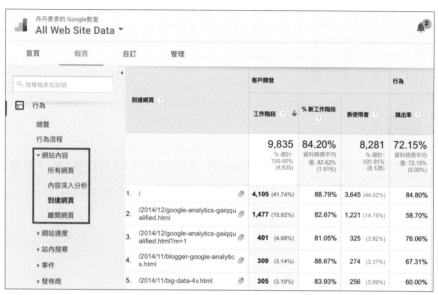

◇ 圖 1-19

⊃ 【簡體中文題型】

欲优化到达陆业，应著重分析以下哪项指标？

(A) 访问次数。

(B) 浏览量。

(C) 跳出率。

(D) 唯一身分访问次数。

(E) 唯一身份浏览量。

➲ 【繁體中文翻譯】

欲優化到達網頁，應著重分析以下哪項指標？

(A) 造訪次數。

(B) 瀏覽量。

(C) 跳出率。

(D) 不重複造訪次數。

(E) 不重複瀏覽量。

解答 **C**

Q47 Which metrics would most strongly suggest bad performance of a landing page?

(A) Bounce Rate > 90%.

(B) Bounce Rate < 90%.

(C) Avg. Session Duration > 5 minutes.

(D) % New Visits > 90%.

(E) None of these answers.

解答 **A**

解析 承第46題解析，跳出率是評估到達網頁的重要指標，若跳出率超過90%，則表示90%以上的訪客未瀏覽其他網頁即離站，該到達網頁在留住訪客上的表現很差，因此此題答案為選項（A）。

➲ 【簡體中文題型】

以下哪项指标最能体现到达网页效果不佳？

(A) 跳出率 >90%。

(B) 跳出率 <90%。

(C) 平均工作会话时长 >5分钟。

(D) 新工作会话百分比 >90%。

(E) 以上皆非。

○ 【繁體中文翻譯】

以下哪項指標最能體現到達網頁效果不佳？

(A) 跳出率 >90%。

(B) 跳出率 <90%。

(C) 平均工作階段時長 >5 分鐘。

(D) 新工作階段百分比 >90%。

(E) 以上皆非。

解答 **A**

Q48 There is a landing page with high bounce rate and this page is redirected by a particular keyword. Which of the following statements is true?

(A) You should stop using that keyword.

(B) The content on the landing page does not properly address the expectations of visitors who used that keyword to search something.

(C) The landing page is highly related to that keyword.

(D) The keyword will generate high ROI.

解答 **B**

解析 此題敘述某個特定關鍵字帶領訪客進入某個到達網頁，而此網頁有極高的跳出率，表示多數進站的訪客只瀏覽此網頁即離站。此處的關鍵字為訪客所輸入，網站管理員無法更改或停用，選項（A）錯誤。選項（B）到達網頁的內容與輸入該關鍵字的訪客所預期不同，這是可能造成高跳出率的原因之一。而到達網頁與該關鍵字高度相關並不會造成高跳出率，使用帶來高跳出率的關鍵字作為關鍵字廣告也無法帶來高投資報酬率（Return On Investment, ROI），選項（C）、（D）錯誤，此題答案為選項（B）。

Q49 Which of the following Behavior metrics shows the number of sessions that included a view of a page?

(A) Bounce Rate.

(B) Unique Visits.

(C) Visits.

(D) Unique Pageviews.

(E) Pageviews.

解答 **D**

解析 此題詢問可從以下何者得知該網頁獲得至少一次瀏覽的工作階段數。（A）為跳出率，（B）為不重複工作階段數，（C）為工作階段數，（D）為不重複瀏覽量，（E）為瀏覽量。「不重複瀏覽量」的定義為某網頁至少被瀏覽一次的工作階段次數，「瀏覽量」則為該網頁被瀏覽的次數總和，重複瀏覽同一個網頁也會計算在內。

Q50 Which of the following are dimensions?

(A) % New Sessions

(B) Region

(C) Conversion Rate

(D) Bounce Rate

解答 **B**

解析 指標（Metrics）是以數字呈現的數量屬性資料，而維度（Dimensions）則是以非數字呈現的類別屬性資料，新訪客工作階段％數（% New Sessions）、轉換率（Conversion rate）與跳出率（Bounce Rate）都是以數字呈現的指標，而地區（Region）則是以各個國家或城市的名稱來呈現，如：台灣、台北等，因此此題答案為選項（B）。

Q51 **Which of the following are valid scopes for dimensions?**

(A) User level, campaign level, session level, hit level.

(B) User level, session level, hit level.

(C) Campaign level, session level, hit level.

(D) None of these answers is correct.

解答 **B**

解析 此題詢問哪些是設定維度時的有效範圍？在GA中，新增自訂維度時可以看到範圍展開後分為點擊（Hit）、工作階段（Session）、使用者（User）與產品（Product）這些選項，其中Hit相當於「點擊層級」，工作階段相當於「工作階段層級」，使用者則相當於「訪客層級」，產品層級則可針對特定產品進行分析，此題只有選項（B）符合。

⊃ 【簡體中文題型】

以下哪些是维度的有效范围？

(A) 用户层级、广告系列层级、会话层级和匹配层级。

(B) 广告活动层级、会话层级和点击层级。

(C) 会话层级和点击层级。

(D) 用户层级、会话层级和点击层级。

(E) 以上皆非。

⊃ 【繁體中文翻譯】

以下哪些是維度的有效範圍？

(A) 用戶層級、廣告活動層級、工作階段層級和點擊層級。

(B) 廣告活動層級、工作階段層級和點擊層級。

(C) 工作階段層級和點擊層級。

(D) 用戶層級、工作階段層級和點擊層級。

(E) 以上皆非。

解答 **D**

Q52 You can combine a metric X with a dimension Y in Google Analytics

(A) if X and Y have the same campaign.

(B) as long as sampling is not required.

(C) if X and Y have the same scope.

(D) if X and Y are in the same channel grouping.

解答 **C**

解析 此題詢問何種情況下指標X與維度Y可以在報表中相互搭配使用？指標與維度是組成GA報表的基本元素，在兩者為相同的資料模型層級時，才能互相搭配使用，因此此題答案為選項（C）。

➲ 【簡體中文題型】

在哪些情况下，你可以在Google Analytics中将指标X与维度Y组合起来？

(A) 如果X和Y具有相同的广告活动。

(B) 只要不需要抽样即可。

(C) 如果X和Y具有相同的范围。

(D) 如果X和Y同时在一份汇总表格中进行了预先计算。

➲ 【繁體中文翻譯】

在哪些情況下，你可以在Google Analytics中將指標X與維度Y組合起來？

(A) 如果X和Y具有相同的廣告活動。

(B) 只要不需要抽樣即可。

(C) 如果X和Y具有相同的範圍。

(D) 如果X和Y同時在一份匯總表格中進行了預先計算。

解答 **C**

Q53 You want to know conversion rates for Windows visits coming from Taipei. Which of the following dimensions would you need to select?

(A) City, and Goal Conversion Rate as a secondary dimension.

(B) Goal conversion Rate, and City as a secondary dimension.

(C) Operating System, and City as a secondary dimension.

(D) None of these options is correct.

解答 C

解析 Windows系統屬於瀏覽器和作業系統報表（Browser & Operating System）的內容，而台北則屬於地區報表中的內容，設定目標後，轉換率會顯示在各個報表之中，因此能達成題目要求的方式有兩種，在地區-城市報表中加入作業系統維度（圖1-20），或是在作業系統報表中加入城市維度（圖1-21），因此此題答案為選項（C）。

主要維度： 國家/地區 城市 洲別 子洲別

次要維度：作業系統

城市	作業系統	客戶開發：工作階段	% 新工作階段	新使用者	行為：跳出率	單次工作階段頁數	平均工作階段時間長度	轉換 目標 1：加為最愛：加為最愛 (目標 1 轉換率)	加為最愛 (目標 1 達成)	加為最愛 (目標 1 價值)
		228 % 總計: 100.00% (228)	77.63% 資料檢視平均值: 77.63% (0.00%)	177 % 總計: 100.00% (177)	80.26% 資料檢視平均值: 80.26% (0.00%)	1.42 資料檢視平均值: 1.42 (0.00%)	00:00:32 資料檢視平均值: 00:00:32 (0.00%)	0.00% 資料檢視平均值: 0.00% (0.00%)	0 % 總計: 0.00% (0)	US$0.00 % 總計: 0.00% (US$0.00)
1. (not set)	Windows	53(23.25%)	86.79%	46(25.99%)	75.47%	1.58	00:00:40	0.00%	0(0.00%)	US$0.00(0.00%)
2. Singapore	Android	22(9.65%)	9.09%	2(1.13%)	81.82%	1.18	00:00:33	0.00%	0(0.00%)	US$0.00(0.00%)
3. (not set)	Macintosh	15(6.58%)	80.00%	12(6.78%)	73.33%	1.33	00:00:41	0.00%	0(0.00%)	US$0.00(0.00%)
4. Singapore	Windows	15(6.58%)	40.00%	6(3.39%)	26.67%	2.33	00:01:33	0.00%	0(0.00%)	US$0.00(0.00%)
5. (not set)	Android	9(3.95%)	88.89%	8(4.52%)	55.56%	2.33	00:03:18	0.00%	0(0.00%)	US$0.00(0.00%)
6. (not set)	iOS	6(2.63%)	66.67%	4(2.26%)	50.00%	2.83	00:01:02	0.00%	0(0.00%)	US$0.00(0.00%)
7. Boston	Windows	6(2.63%)	100.00%	6(3.39%)	100.00%	1.00	00:00:00	0.00%	0(0.00%)	US$0.00(0.00%)
8. Singapore	iOS	4(1.75%)	75.00%	3(1.69%)	75.00%	1.50	00:00:11	0.00%	0(0.00%)	US$0.00(0.00%)
9. Singapore	Macintosh	4(1.75%)	75.00%	3(1.69%)	50.00%	1.50	00:00:10	0.00%	0(0.00%)	US$0.00(0.00%)
10. Zhudong Township	Macintosh	4(1.75%)	75.00%	3(1.69%)	75.00%	2.50	00:00:25	0.00%	0(0.00%)	US$0.00(0.00%)

◇ 圖1-20

主要維度： 瀏覽器 作業系統 螢幕解析度 螢幕色彩 Flash 版本 其他

次要維度：城市 排序類型： 預設

作業系統	城市	客戶開發：工作階段	% 新工作階段	新使用者	行為：跳出率	單次工作階段頁數	平均工作階段時間長度	轉換 目標 1：加為最愛：加為最愛 (目標 1 轉換率)	加為最愛 (目標 1 達成)	加為最愛 (目標 1 價值)
		228 % 總計: 100.00% (228)	77.63% 資料檢視平均值: 77.63% (0.00%)	177 % 總計: 100.00% (177)	80.26% 資料檢視平均值: 80.26% (0.00%)	1.42 資料檢視平均值: 1.42 (0.00%)	00:00:32 資料檢視平均值: 00:00:32 (0.00%)	0.00% 資料檢視平均值: 0.00% (0.00%)	0 % 總計: 0.00% (0)	US$0.00 % 總計: 0.00% (US$0.00)
1. Windows	(not set)	53(23.25%)	86.79%	46(25.99%)	75.47%	1.58	00:00:40	0.00%	0(0.00%)	US$0.00(0.00%)
2. Android	Singapore	22(9.65%)	9.09%	2(1.13%)	81.82%	1.18	00:00:33	0.00%	0(0.00%)	US$0.00(0.00%)
3. Macintosh	(not set)	15(6.58%)	80.00%	12(6.78%)	73.33%	1.33	00:00:41	0.00%	0(0.00%)	US$0.00(0.00%)
4. Windows	Singapore	15(6.58%)	40.00%	6(3.39%)	26.67%	2.33	00:01:33	0.00%	0(0.00%)	US$0.00(0.00%)
5. Android	(not set)	9(3.95%)	88.89%	8(4.52%)	55.56%	2.33	00:03:18	0.00%	0(0.00%)	US$0.00(0.00%)
6. iOS	(not set)	6(2.63%)	66.67%	4(2.26%)	50.00%	2.83	00:01:02	0.00%	0(0.00%)	US$0.00(0.00%)
7. Windows	Boston	6(2.63%)	100.00%	6(3.39%)	100.00%	1.00	00:00:00	0.00%	0(0.00%)	US$0.00(0.00%)
8. iOS	Singapore	4(1.75%)	75.00%	3(1.69%)	75.00%	1.50	00:00:11	0.00%	0(0.00%)	US$0.00(0.00%)
9. Macintosh	Singapore	4(1.75%)	75.00%	3(1.69%)	50.00%	1.50	00:00:10	0.00%	0(0.00%)	US$0.00(0.00%)
10. Macintosh	Zhudong Township	4(1.75%)	75.00%	3(1.69%)	75.00%	2.50	00:00:25	0.00%	0(0.00%)	US$0.00(0.00%)

◇ 圖1-21

➲ 【簡體中文題型】

你希望知悉來自台北的 Windows 訪問所帶來的轉化率。為此，你需要選擇以下哪些維度？

(A)「作業系統」，並將「城市」作為次級維度。

(B)「城市」，並將「目標轉化率」作為次級維度。

(C)「目標轉化率」，並將「城市」作為次級維度。

(D) 以上任一選項均可。

➲ 【繁體中文翻譯】

你希望瞭解來自台北的 Windows 造訪所帶來的轉換率。為此，你需要選擇以下哪些維度？

(A)「作業系統」，並將「城市」作為次級維度。

(B)「城市」，並將「目標轉換率」作為次級維度。

(C)「目標轉換率」，並將「城市」作為次級維度。

(D) 以上任一選項均可。

解答 **A**

Q54 How can you know which keywords visitors from New York used to visit your site?

(A) This is unlikely in Google Analytics.

(B) Choose the "City" dimension in the Keywords report.

(C) Search for "New York" in the All Traffic report.

(D) Choose the "Keyword" dimension in the Map Location report.

解答 **D**

解析 此題欲得知來自紐約的訪客使用哪些搜尋字詞進站，已知條件為「來自紐約的訪客」，由位於「目標對象 > 地理區域 > 地區」的地區報表，再加入次要維度「關鍵字」即可得知(如圖 1-22 紅色框線處所示)，因此此題答案為選項(D)。

◇ 圖 1-22

Q55 How would you determine the mobile ecommerce conversion rate for paid traffic (CPC)?

(A) Go to Audience > Mobile > Overview. Add a secondary dimension showing Traffic type in order to see the traffic coming from paid search.

(B) Go to Acquisition > All traffic > Channels. Add a secondary dimension showing device category in order to see the paid search traffic coming from mobile.

(C) Both A and B.

(D) In Analytics you can only see traffic coming from desktop.

 C

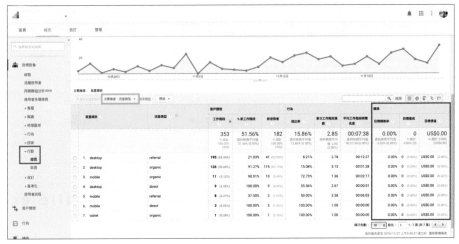

解析 題目希望能夠找出付費廣告對於行動流量在電子商務轉換貢獻上的影響，並在選項中提及了兩種做法。選項（A）（如圖1-23紅色框線處）透過為目標對象中的行動報表添加次要維度「流量類型」（如圖1-23綠色框線處，CPC屬於其中一種流量類型），而能夠得知不同流量在轉換（如圖1-24藍色框線處）上的表現。同樣的，分析者亦可於客戶開發中的頻道報表（如圖1-24紅色框線處）調用次要維度「裝置類別」（如圖1-24綠色框線處），查看CPC對於行動裝置轉換表現的影響（如圖1-24藍色框線處）。因此本題答案為選項（C）。

◇ 圖 1-23

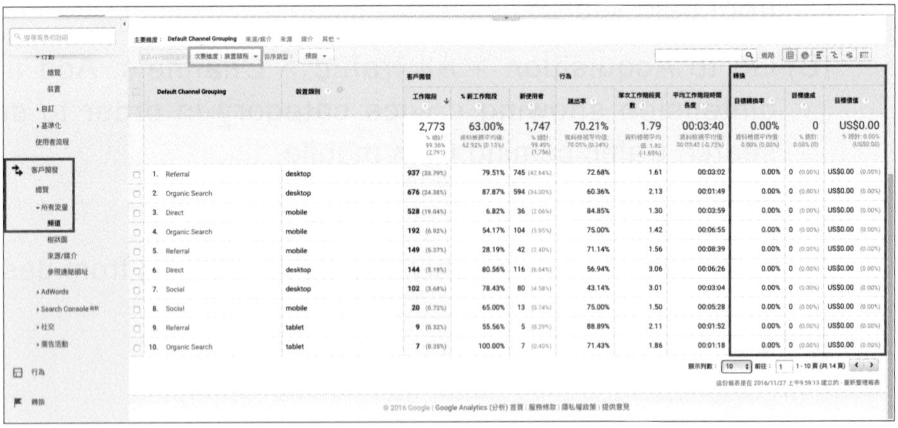

◇ 圖 1-24

○ 【簡體中文題型】

欲判斷付費流量（按点击付费）的移动电子商务转化率，下列哪个选项是正确的方式？

(A) 在GA中，你只能同时查看来自桌面设备或来自移动设备/平板电脑的流量。单独查看来自移动设备的流量是不可行的。

(B) 查看「受众群体 > 移动设备 > 概览」，报表，并添加显示流量类型的次要维度，即可得知来自付费搜索的流量。

(C) 查看「流量获取 > 所有流量 > 渠道」，报表，并添加显示设备类别的次要维度，即可得知来自付费搜索的流量。

(D) B与C都是可行之方法，仅有A错误。

○ 【繁體中文翻譯】

欲判斷付費流量（按點擊付費）的行動電子商務轉換率，下列哪個選項是正確的方式？

(A) 在GA中，你只能同時查看來自桌面設備或來自行動設備/平板電腦的流量。單獨查看來自行動設備的流量是不可行的。

(B) 查看「目標對象 > 行動 > 總覽」報表，並添加顯示流量類型的次要維度，即可得知來自付費搜尋的流量。

(C) 查看「客戶開發 > 所有流量 > 頻道」報表，並添加顯示設備類別的次要維度，即可得知來自付費搜索的流量。

(D) B與C都是可行之方法，僅有A錯誤。

解答 **D**

Q56 **If a report is based on data from a large number of sessions, you will see the following notice at the top of the report: "This report is based on N sessions." How can you adjust the sampling rate of the report?**

(A) Adjusting the session timeout control.

(B) Adjusting the control in the reporting interface for greater or less precision.

(C) You cannot adjust the sample rate.

解答 **B**

解析 此題詢問如何調整報表之取樣率。在每個報表名稱的右方會有一個打勾標誌（如圖 1-25 藍色圓圈處所示）將滑鼠游標移至標誌上方，就會出現該報表的取樣說明。綠色標誌表示該報表未採用取樣（以 100% 的工作階段來計算），有採用取樣的報表，則會顯示黃色標誌。而欲調整報表之取樣率，需點進取樣說明中的下拉選單（如圖 1-25 紅色框線處所示），選擇「回應速度更快」可以減少取樣的資料大小，讓報表更快呈現。而選擇「精準度更高」，報表則會以最接近真實資料狀況之結果呈現，以提高結果之精確度。因此此題答案為選項（B）。

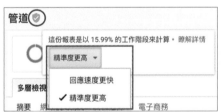

◇ 圖 1-25

➲ 【簡體中文題型】

你可以透过以下哪些操作调整分析报告的抽样率？

(A) 调整会话超时控制选项。

(B) 在报告介面中调整用於掌控精确度的控制选项。

(C) 你无法调整抽样率。

➲ 【繁體中文翻譯】

你可以透過以下哪些操作調整分析報告的抽樣率？

(A) 調整工作階段超時控制選項。

(B) 在報告介面中調整用於掌控精確度的控制選項。

(C) 你無法調整抽樣率。

解答 B

Q57 When does Google Analytics sample data for reporting?

(A) When you create a report with metric and dimension combinations that have not been pre-aggregated and the report is based on data from a large number of visits.

(B) When the data you request has already been calculated in the aggregate tables.

(C) When the report is pulled at the end of the high traffic week.

(D) When you create a report with metric and dimension combinations that have not been pre-aggregated and the report is based on data from a small number of visits.

解答 A

解析 此題詢問GA在什麼情況下會以抽樣的方式來呈現報表，選項（A）為正確答案，在分析者初次使用非預設的指標（metrics）與維度（dimensions）來整合成一份流量分析報表時，GA會以抽樣的方式從所有造訪流量中抽出絕大部分的流量來匯整成報表。

▚ 【篩選器與區隔】

Q58　What can you do with filters?

(A) Exclude data from a view.

(B) Change how the data looks in the reports.

(C) Include data in a view.

(D) All of these answers apply.

解答 **D**

解析 篩選器（Filter）的主要用途是在資料檢視（View）中納入（Include）或排除（Exclude）某些特定流量（如圖1-26紅色框線處所示）。一旦設定納入或排除後，報表中所顯示的數據資料會隨之改變。

◇ 圖1-26

◐ 【簡體中文題型】

你可以使用过滤器来＿＿＿＿＿＿。

(A)　从数据视图中排除数据。

(B)　更改数据在报告中的显示方式。

(C)　将数据加入数据视图。

(D)　以上答案均适用。

➲【繁體中文翻譯】

你可以使用篩選器來＿＿＿＿＿＿＿。

(A) 從資料檢視中排除數據。

(B) 更改數據在報表中的顯示方式。

(C) 將數據加入資料檢視中。

(D) 以上皆是。

解答 **D**

Q59 Why is it important that you maintain one unfiltered view when using filters with your Analytics account?

(A) Without one unfiltered view, you will not be able to use a filter for multiple views.

(B) An unfiltered view ensure that the original data can always be accessed.

(C) You will need to configure your goals in the unfiltered view.

(D) There is no reason to maintain an unfiltered view.

解答 **B**

解析 此題詢問為什麼保留一個不使用任何篩選器的資料檢視（Unfiltered View）是重要的？篩選器一經設定之後，被排除的流量是無法復原的，就算將篩選器刪除，過去未被記錄到的流量也無法被回溯，因此此題答案為選項（B），一個不使用任何篩選器的資料檢視可以保留最完整的流量資料。

➲【簡體中文題型】

在Google Analytics帐户中使用过滤器时，为什麼一定要保留一个不带过滤器的数据视图？

(A) 您需要在不带过滤器的数据视图中配置您的目标。

(B) 如果没有一个不带过滤器的数据视图，您将无法对多个数据视图使用过滤器。

(C) 不带过滤器的数据视图可确保您始终能够访问原始数据。

(D) 没有什麼理由应该保留不带过滤器的数据视图。

◌ 【繁體中文翻譯】

在 Google Analytics 帳戶中使用篩選器時，為什麼一定要保留一個不帶篩選器的資料檢視？

(A) 您需要在不帶篩選器的資料檢視中配置您的目標。

(B) 如果沒有一個不帶篩選器的資料檢視，您將無法對多個資料檢視使用篩選器。

(C) 不帶篩選器的資料檢視可確保您始終能夠訪問原始數據。

(D) 沒有什麼理由應該保留不帶篩選器的資料檢視。

解答 **C**

Q60 **The order in which filters appear in your view settings matters.**

(A) True: Filters are executed in the order in which they appear.

(B) False: Filters are not necessarily executed in the order in which they appear.

解答 **A**

解析 同時設置多個篩選器時，篩選器會依照順序做篩選，若是排序錯誤，將可能造成報表沒有流量的情況，可參考第 61 題，該題即為沒有流量的例子。

◌ 【簡體中文題型】

过滤器显示在数据视图设置中的顺序十分重要。

(A) 正确。过滤器显示的顺序就是实际执行的顺序。

(B) 错误。过滤器显示的顺序不一定是实际执行的顺序。

◌ 【繁體中文翻譯】

篩選器顯示在資料檢視設置中的順序十分重要。

(A) 正確。篩選器顯示的順序就是實際執行的順序。

(B) 錯誤。篩選器顯示的順序不一定是實際執行的順序。

解答 **A**

Q61 If you apply the following two include-type filters to a single profile, what outcome will result?
Filter 1—Field: Campaign Medium; Pattern: cpc
Filter 2—Field: Campaign Medium; Pattern: organic

(A) The filters cancel each other so no data appears in the profile.

(B) The results will differ depending on the order in which these two filters are applied.

(C) The filters cancel each other so the complete unfiltered data appears in the profile.

(D) The profile will contain data related to either of the two specified values.

解答 **A**

解析 本題使用了兩個篩選器，皆為包含類型(include-type)，從第 60 題解析可得知，篩選器會依排序做篩選，因此流量會先經篩選器 1，僅包含來自於付費廣告(cost-per- click, cpc)的流量，這些流量再經過篩選器 2，僅包含來自隨機搜尋(organic)的流量，這兩者的流量集合並無交集，因此，經篩選器 1 後所得之流量，無法符合篩選器 2 的內容，最後得到的結果為空集合，所以 GA 報表中會無法顯示任何流量資料，此題答案為選項(A)。

Q62 Which of the following are true about segmentation?

(A) Segmentation does not work on historical data.

(B) Segmentation allows you to isolate and analyze subsets of your data.

(C) Segmentation is a technique that should only be used by experienced analysts.

(D) Segmentation should generally not be used without Real-Time reporting.

(E) All of these answers are correct.

解答 **B**

解析 區隔(Segmentation)可以從流量資料中劃分出一小部分資料並進行分析，而在即時報表(Real-Time report)中是無法使用區隔的，因此選項(A)、(D)錯誤，而GA的操作簡單，使用區隔也不會對流量產生影響，並非有經驗的分析者才能操作，因此選 項(C)錯誤，此題答案為選項(B)。區隔(Segmentation)與篩選器(Filter)的差異在於，區隔是從所有流量資料中抓取出特定資料，移除區隔後流量則回覆原狀；而篩選器是破壞性的，只留住需要的流量，被排除的流量將不會被記錄在 GA 伺服器當中，也無法被復原，因此在篩選器的操作上需比區隔更加謹慎。

⇒ 【簡體中文題型】

哪些关于区隔的说法是正确的？

(A) 区隔不能应用到历史资料中。

(B) 利用区隔，您可以将一部份资料分离出来并对其进行分析。

(C) 只有经验丰富的分析人员才应该使用「区隔」这项技术。

(D) 一般来说，如果没有「实时」报告，最好不要使用区隔。

(E) 以上答案均正确。

⇒ 【繁體中文翻譯】

哪些關於區隔的說法是正確的？

(A) 區隔不能應用到歷史資料中。

(B) 利用區隔，您可以將一部份資料分離出來並對其進行分析。

(C) 只有經驗豐富的分析人員才應該使用「區隔」這項技術。

(D) 一般來說，如果沒有「即時」報表，最好不要使用區隔。

(E) 以上答案均正確。

解答 B

Q63 Which of the following would be valid segments to consider using to analyze traffic patterns in your data?

(A) Traffic by device category.

(B) Traffic by geography.

(C) Traffic by time of day.

(D) Traffic by marketing channel.

(E) All of these answers are correct.

解答 E

解析 藉由區隔可以改變所欲呈現的流量資料，可能的區隔對象包含裝置（device）、行銷管道（marketing channel）、造訪時間（time of day）與地理位置（geography）等。

Q64 Which of the following techniques would you use to exclude rows with fewer than 10 visits from a report table?

(A) add a primary dimension.

(B) add a secondary dimension.

(C) sort the table by sessions from highest to lowest.

(D) apply a table filter.

(E) use a pivot table with two dimensions.

解答 D

解析 此題詢問如何移除報表中工作階段小於10的流量？使用表格篩選器（Table Filter）可以依照分析者的特定需求來對報表中的流量做篩選，從圖1-27紅色框線處可以看到滿足此題排除工作階段小於10之流量的需求，其中，在報表中點選右上方紅色圓圈處的「進階」選項，即可打開紅色方框處的表格篩選器。因此此題答案為選項（D），而選項（A）、（B）、（E）的內容皆與維度（Dimension）相關，加入維度只為增加另一種類別屬性資料至報表中，並不會限制報表中顯示的流量資料。而選項（C）將流量依照工作階段次數排列也無法移除資料，只是將其依次數做整理。

◇ 圖 1-27

➲ 【簡體中文題型】

以下哪种方法可以从报告表格中排除造访次数不足10次的资料？

(A) 添加主要维度。

(B) 应用表格过滤器。

(C) 添加次级维度。

(D) 使用包含两个维度的枢纽分析表。

➲ 【繁體中文翻譯】

以下哪種方法可以從報告表格中排除造訪次數不足10次的資料？

(A) 添加主要維度。

(B) 應用表格篩選器。

(C) 添加次要維度。

(D) 使用包含兩個維度的樞紐分析表。

解答 **B**

【來源與媒介】

Q65 **Which of the following are examples of mediums?**

(A) Example.com.

(B) Conversion.

(C) Email.

(D) Google.

解答 **C**

解析 網站流量能被順利地傳遞與記錄的前提是具有來源與媒介，來源（Source）是指引導訪客進站的源頭，如直接輸入網址進站（Direct）或某網站網址（abc.com），媒介（Medium）則是指訪客進站時所使用的載體，如隨機搜尋（Organic）、推薦連結（Referral）及電子郵件（Email）等。此題中只有Email為訪客進站所使用的媒介之一，選項（A）與選項（D）均為訪客進站的來源。

Q66 **Which of the following are examples of sources?**

(A) Google.

(B) example.com.

(C) (direct).

(D) mail.google.com.

(E) All of these are possible Sources.

解答 **E**

解析 此題詢問何者屬於流量來源（Sources）？參考第65題解析，此四個選項都屬於流量來源之一，因此此題答案為選項（E）。

Q67 Which of the following is a default Medium in GA?

(A) Referral.

(B) Email.

(C) CPC.

(D) Organic.

(E) All of these are default Mediums.

解答 E

解析 依據GA的定義，預設的媒介包含：隨機搜尋（Organic）、CPC（Cost-per-click，點擊付費連結）、推薦連結（Referral）、電子郵件（Email）與 "None"（無媒介，即透過「直接輸入網址」方式進站），因此此題答案為選項（E）。

Q68 In which of the following situations visitors will be reported as coming from "direct/ (none)"?

(A) Visitors who came to your website via bookmark.

(B) Visitors who typed your website's URL directly into their browser.

(C) Visitors who came to your website via a banner advertisement.

(D) Visitors who came to your website via an AdWords campaign.

(E) Both A and B are possible answers.

解答 E

解析 "Direct / (None)" 為 "來源/媒介" 的顯示方式，由第65題解析可得知來源與媒介的定義，來源顯示為Direct時，有兩種可能性，一是訪客直接輸入網址進站，另一種則是訪客透過書籤列（或「我的最愛」列表）進站，這兩種進站方式皆不透過任何載體，因此在媒介部分顯示為（None），此題答案為選項（E）。

Q69 Your website address is www.abc.com but your GA report shows traffic coming from "abc.com/referral" rather than "direct/(none)". Why ?

(A) Auto-tagging has not been turned on.

(B) abc.com has several subdomains and GATC has not been implemented accordingly.

(C) These are returning visitors to abc.com.

(D) On some pages of abc.com, GATC is called more than once.

解答 **B**

解析 此題詢問為何來源為自身網站時可能顯示為"abc.com/referral"，而非顯示為直接進站"direct/(none)"？"abc.com/referral"的意思為訪客由abc.com推薦進站，即自己推薦自己，這種情況會發生在abc.com為主網域並擁有其他子網域，且GATC僅被成功嵌入在主網域中，因此GA將子網域的流量視為主網域之外，此題答案為選項（B）。

Q70 For each user who comes to your site, Google Analytics automatically captures which of the following Traffic Source dimensions?

(A) Source, Medium, Campaign, and Ad Content.

(B) Campaign and Medium.

(C) Source and Medium.

(D) Campaign and Ad Content.

解答 **A**

解析 當訪客進站時，GA會自動紀錄訪客所使用的來源（Source）、媒介（Medium）、廣告內容（Ad Content）與廣告活動（Campaign）。

⊃ 【簡體中文題型】

对於访问您网站的每位用户，Google Analytics会自动记录哪些流量来源维度？

(A) 来源、媒介、广告系列和广告内容。

(B) 来源和媒介。

(C) 广告活动和媒介。

(D) 广告系列和广告内容。

⊃ 【繁體中文翻譯】

對於訪問您網站的每位用戶，Google Analytics會自動記錄哪些流量來源維度？

(A) 來源、媒介、廣告活動和廣告內容。

(B) 來源和媒介。

(C) 廣告活動和媒介。

(D) 廣告活動和廣告內容。

解答 A

Q71 The Google Analytics SDK or tracking code sends campaign and traffic source data through a number of different fields. Which of the following is one of the fields used to send campaign or traffic source data?

(A) Interest Category.

(B) Campaign Medium.

(C) Device Category.

(D) Location.

解答 B

解析 選項(B)的廣告活動媒介參數用於傳送有關自訂廣告活動名稱以及網站參照連結網址等流量資料，故此題答案為選項(B)。

○ 【簡體中文題型】

Google Analytics SDK 或跟踪代码会透过数个不同字段来发送广告系列与流量来源数据。以下何者为用于发送广告系列或流量来源数据的字段？

(A) 兴趣类别。

(B) 广告系列媒介。

(C) 设备类别。

(D) 位置。

○ 【繁體中文翻譯】

Google Analytics SDK 或跟蹤代碼會透過數個不同字段來發送廣告系列與流量來源數據。以下何者為用於發送廣告系列或流量來源數據的字段？

(A) 興趣類別。

(B) 廣告系列媒介。

(C) 設備類別。

(D) 位置。

解答 B

Q72 Which of the following are not examples of channels?

(A) Email.

(B) Audience.

(C) Display.

(D) Organic Search.

解答 B

解析 管道（Channel）是訪客進站的方式，GA提供四種預設管道分組：直接輸入網址（Direct）、隨機搜尋（Organic Search）、推薦連結（Referral）與社交網路導入（Social），其他管道分組則有：電子郵件（Email）、付費搜尋（Paid Search）、其他廣告（Other Advertising）與多媒體廣告（Display）。此題中選項（A）、（C）、（D）皆為進站管道之一。

Q73 **Which of the following channels is part of the Default Channel Grouping?**

(A) Social.

(B) Organic.

(C) Direct.

(D) Display.

(E) All of these are part of the Default Channel Grouping.

解答 **E**

解析 此題詢問下列何者屬於GA的預設管道分組？從第72題解析可以得知前四個選項即為GA的四種預設管道分組。

➲ 【簡體中文題型】

以下哪种管道是GA默认管道分组的一部分？

(A) 自然。

(B) 展示广告。

(C) 社交。

(D) 直接。

(E) 以上皆是。

➲ 【繁體中文翻譯】

以下哪種管道是GA預設的管道分組？

(A) 隨機搜尋。

(B) 多媒體廣告。

(C) 社交。

(D) 直接。

(E) 以上皆是。

解答 **E**

【目標與事件】

Q74　After setting up goals, you can see.

(A) ecommerce revenue.

(B) a list of transactions.

(C) conversion rate.

(D) bounce rate.

解答 C

解析 訪客達成目標的行為稱為「轉換」（Conversion），而目標需由分析者自行設定，未設定前報表不會顯示任何內容（可見圖1-28），因此此題答案為選項（C），設置目標後，轉換率（conversion rate）的數據始得呈現。而選項（A）與（B），屬於電子商務報表的內容，需開啟並設定電子商務報表後得以呈現，選項（D）跳出率則不需經任何設定即會呈現於報表中。

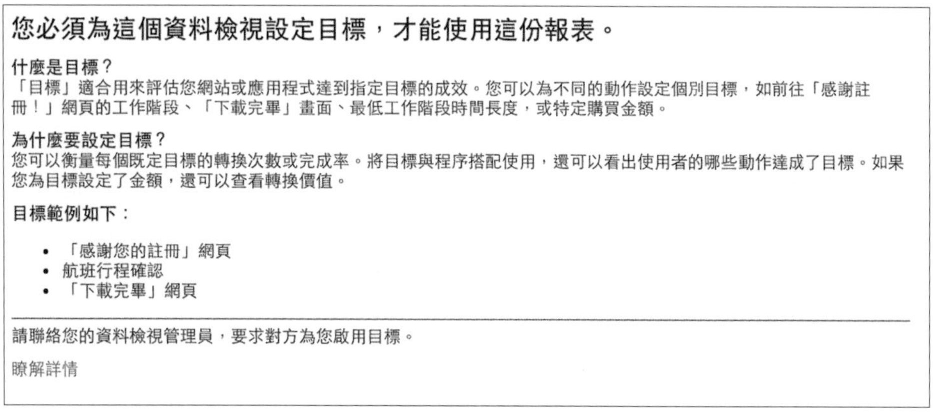

您必須為這個資料檢視設定目標，才能使用這份報表。

什麼是目標？
「目標」適合用來評估您網站或應用程式達到指定目標的成效。您可以為不同的動作設定個別目標，如前往「感謝註冊！」網頁的工作階段、「下載完畢」畫面、最低工作階段時間長度，或特定購買金額。

為什麼要設定目標？
您可以衡量每個既定目標的轉換次數或完成率。將目標與程序搭配使用，還可以看出使用者的哪些動作達成了目標。如果您為目標設定了金額，還可以查看轉換價值。

目標範例如下：

- 「感謝您的註冊」網頁
- 航班行程確認
- 「下載完畢」網頁

請聯絡您的資料檢視管理員，要求對方為您啟用目標。

瞭解詳情

◇ 圖1-28

⊃ 【簡體中文題型】

設置目標後，你可以查看＿＿＿＿。

(A) 转化率。

(B) 交易清单。

(C) 电子商务。

(D) 跳出率。

● 【繁體中文翻譯】

設置目標後，你可以查看_____。

(A) 轉換率。

(B) 交易清單。

(C) 電子商務。

(D) 跳出率。

解答 A

Q75 Which of the following metrics can help you measure the quality of your traffic?

(A) Conversion rate.

(B) Bounce rate.

(C) Impressions.

(D) Visits.

解答 A

解析 由第74題解析可得知，轉換率為訪客達成目標的比率，分析者會設置成目標的行為，對其網站有一定程度的重要性，如營利型的網站會將訪客完成購買設定為目標，因此可以由轉換率來評估流量的品質，答案為選項（A），而選項（B）跳出率則是用來評估到達網頁的重要指標。

Q76 Your company runs an email campaign for the month of November to drive newsletter signups. Which of the following metrics is the best indicator of the campaign's success?

(A) bounce rate.

(B) avg. session duration.

(C) conversion rate.

(D) pageviews.

解答 C

解析 此題敘述一間公司正進行活動來增加電子報的註冊率，哪個指標能夠用來說明此活動的成功？電子報註冊可被設定為一項目標，透過轉換率（Conversion Rate）便能夠得知活動期間進站之訪客，與其所完成轉換的比率，因此此題答案為選項（C）。其他選項的跳出率（Bounce rate）、平均工作階段時間長度（Avg. Session Duration）、瀏覽量（Pageviews），無法衡量電子報註冊的情況，故不能辨別此活動成功與否。

⊃ 【簡體中文題型】

为吸引更多用户注册电子报，你的公司在11月投放了电子邮件广告活动。以下哪个指标最能诠释出此广告系列的成功？

(A) 跳出率。

(B) 平均会话时间长度。

(C) 转化率。

(D) 浏览量。

⊃ 【繁體中文翻譯】

為吸引更多用戶註冊電子報，你的公司在11月投放了電子郵件廣告活動。以下哪個指標最能詮釋出此廣告系列的成功？

(A) 跳出率。

(B) 平均工作階段時間長度。

(C) 轉換率。

(D) 瀏覽量。

解答 C

Q77 Your key performance indicators (KPIs) are automatically tracked as Goals in Google Analytics.

(A) True: No additional implementation is required since Goals are tracked automatically.

(B) False: You must set up your goals once you identify the KPIs you want to track.

解答 **B**

解析 在GA中有許多指標可以作為關鍵績效指標（KPI），但GA並不會主動為分析者訂定KPI，須由分析者自行設定，而目標報表（Goals）也需分析者自行設定後方可啓用，並不會自動追蹤。

Q78 When configuring a goal, why is it useful to assign a goal value?

(A) To determine the number of visits to each of your pages.

(B) To determine the conversion rate.

(C) To attribute monetary value to non-ecommerce conversions.

(D) To calculate ecommerce metrics.

解答 **C**

解析 此題詢問設定目標價值（Goal Value）有何用處？目標價值（如圖1-29紅色框線處所示）可以協助衡量該目標達成轉換後，對網站所產生的金錢價值，方便讓分析者實際計算由非電子商務轉換所帶來的效益，因此此題答案為選項（C）。

◇ 圖 1-29

⊃ 【簡體中文題型】

設置目標时，分配目標价值是为了什麼？

(A) 确定您每个网页的造访次数。

(B) 确定转化率。

(C) 将货币价值归因到非电子商务转换。

(D) 计算电子商务指标。

⊃ 【繁體中文翻譯】

設置目標時，分配目標價值是為了什麼？

(A) 確定您每個網頁的造訪次數。

(B) 確定轉換率。

(C) 將貨幣價值歸因到非電子商務轉換。

(D) 計算電子商務指標。

解答 **C**

Q79 Which of the following can be used to define a destination URL goal?

(A) Adding the ecommerce code to the goal page.

(B) Adding the conversion ID to the tracking code on the goal page.

(C) Editing the profile and specifying the request URI of the conversion page.

(D) Dragging the goal page onto the dashboard.

解答 **C**

解析 此題欲設定一個「目標網址」(Destination URL Goal)類型的目標，GA 中目標的新增與管理皆位於「管理員 > 資料檢視 > 目標」之中，設定 目標網址的步驟可參考圖1-30，填入目標名稱後，於類型中選擇目標網 址，點選繼續，來到圖1-31，輸入欲追蹤的目標網址後即可完成目標設 定，因此此題答案為選項(C)。

◇ 圖 1-30

◇ 圖 1-31

⊃ 【簡體中文題型】

下列何者为定义目标网址目标的方式？

(A) 在目标网页中加入电子商务代码。

(B) 在目标网页的追踪代码中加入转换 ID。

(C) 修改「目标」数据视图并将 URI 指定给目标网页。

(D) 建立一个仅显示该目标网页数据的新信息中心。

○ 【繁體中文翻譯】

下列何者為設定目標網址目標的方式？

(A) 在目標網頁中加入電子商務代碼。

(B) 在目標網頁的追蹤代碼中加入轉換ID。

(C) 修改「目標」資料檢視並將URI指定給目標網頁。

(D) 建立一個僅顯示該目標網頁數據的新信息中心。

解答 C

Q80 **Your website is "www.abc.com". You set up a URL goal of "/ thankyou" and a Match Type of "Begins with". Which of the following URLs will not count as goals?**

(A) www.abc.com/thankyou/receipt.php

(B) www.abc.com/thankyou.php

(C) www.abc.com/thankyou.html

(D) www.abc.com/receipt/thankyou.php

(E) All of these would count as goals.

解答 D

解析 此題是測試考生對於設定目標網址的熟悉度，目標詳情（即網址）輸入「/thankyou」，且比對類型設定成開頭為（Begins With），可見圖 1-32，在這樣的設定下，只要網址開頭為www.abc.com/thankyou，即符合此目標設定，可以確實追蹤。選項（D）的開頭不符合，因此此題答案為選項（D）。

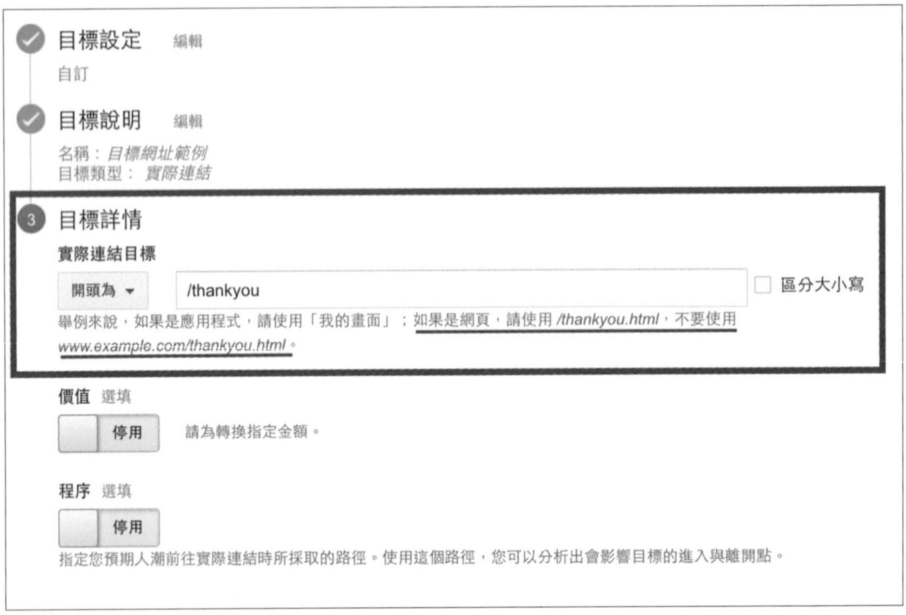

◇ 圖 1-32

⊃ 【簡體中文題型】

你的网路媒体资源为”www.example.com”。你设置了「/thankyou」这一「网址目标」，并将「匹配类型」设置为「开头为」。以下哪些网址可算作目标？

(A) www.example.com/thankyou/receipt.php.

(B) www.example.com/thankyou.php.

(C) www.example.com/thankyou.html.

(D) 以上网址均可算作目标。

⊃ 【繁體中文翻譯】

你的網路媒體資源為”www.exampl(E)com”。你設置了「/thankyou」這一「網址目標」，並將「匹配類型」設置為「開頭為」。以下哪些網址可算作目標？

解答 **D**

Q81 In which of the following situation, the (URL) destination goal conversions can't be correctly recorded?

(A) No URL goals have been defined.

(B) There was a wrong spelling in the URL of the goal definition.

(C) The tracking code is missing from the conversion page.

(D) The match type in the goal definition is incorrect.

(E) All of these answers apply.

解答 E

解析 此題詢問在何種情況下目標網址將無法被GA記錄？由上題解析可得知如何設定目標網址，選項（A）目標網址尚未被設定，選項（B）設定目標時網址錯誤與選項（D）比對類型設定錯誤，這三者都是在設定目標網址的過程中出現錯誤，會造成GA無法正確追蹤該網址。而選項（C）轉換頁面缺乏追蹤程式碼，則該頁面之所有行為皆無法被記錄，因此此題答案為選項（E）。

Q82 Which of the following options could be defined as a goal in Google Analytics?

(A) Conversion rate

(B) The percentage of visits that contain only one pageview.

(C) The percentage of visits that results in a site registration.

(D) The percentage of visits during which visitors spent at least five minutes on the site.

(E) All of these could be defined as a goal in Google Analytics.

解答 E

解析 目標類型共分為四種，如圖1-33紅色框線處所示。選項（A）轉換率為目標分析的重要項目，在每種類型的目標中皆會顯示；選項（B）僅瀏覽一張網頁的比率可以由「單次工作階段頁數/畫面數」類型來做設定；選項（C）訪客註冊的比率則可用「註冊成功」頁面作為目標網址來設定；選項（D）停留超過五分鐘的比率可以由「時間長度」類型來做目標設定。因此此題答案為選項（E）。

◇ 圖 1-33

Q83 **You want to know whether button X is clicked more often than button Y. Which of the following would be most useful?**

(A) Intelligence.

(B) Events.

(C) Annotations.

(D) Real-Time.

解答 **B**

解析 在網站上被觸發的事物可以分為事件（Events）與目標（Goals），GA 將事件定義為，訪客所觸發的事物並未開啟額外的新網頁（例：播放或暫停影片，如圖 1-34 紅色框線處所示），相反地，目標則定義為會開啟新網頁的觸發。事件分析可由分析者自行設定，用來觀察網頁上不同事件的成效，此題欲得知按鈕 X 的點擊成效是否高於按鈕 Y，即可藉由事件分析來達成。

◇ 圖 1-34

➲ 【簡體中文題型】

你想知道按钮X的点击频率是否比按钮Y的点击率频率高。以下哪项能够在这方面提供最多帮助?

(A) 智能。

(B) 事件。

(C) 实时。

(D) 注释。

➲ 【繁體中文翻譯】

你想知道按鈕X的點擊頻率是否比按鈕Y的點擊率頻率高。以下哪項能夠在這方面提供最多幫助?

(A) 情報快訊。

(B) 事件。

(C) 即時。

(D) 註解。

解答 B

Q84 **Which of the following would be most useful to compare the difference of clicks between button A and button B?**

(A) Events.

(B) Real-Time.

(C) Intelligence.

(D) Annotations.

解答 **A**

解析 承第83題解析，欲比較按鈕A與按鈕B的點擊狀況，同樣是由設定事件來達成，因此此題答案為選項（A）。

Q85 **You want to evaluate the percentage of sessions during which the visitor clicks a "product details" button. Which of the following would you need to do in order to see this information?**

(A) Track the button as a page view and look at the events overview.

(B) Enable the button as a KPI and set up the dashboard.

(C) Set up a "product details" button in the ecommerce JavaScript.

(D) Track the button with an event and set up an event goal.

解答 **D**

解析 參考第83題解析，產品詳細資訊頁面通常不會開啟新的網頁，因此此題答案為選項（D），使用事件分析來追蹤此按鈕的成效。

Q86 **You want to see the percentage of sessions in which a specific button was clicked. Which of the following can help you?**

(A) Set up an event goal.

(B) Set up a Custom report.

(C) Set up Real-Time report.

(D) Set up a dashboard.

解答 **A**

解析 如同以上幾題解析，特定按鈕的點擊可以被設定為事件，並加以分析該按鈕的成效，因此此題答案為選項（A）。

● 【簡體中文題型】

您希望了解使用者点击了特定按钮的工作阶段所占的百分比。以下哪项/哪几项能够在这方面提供最多帮助？

(A) 设定事件目标。

(B) 设定自订报告。

(C) 设定「实时」报告。

(D) 设定资讯主页。

● 【繁體中文翻譯】

您希望暸解使用者點擊了特定按鈕的工作階段所占的百分比。以下哪項/哪幾項能夠在這方面提供最多幫助？

(A) 設定事件目標。

(B) 設定自訂報表。

(C) 設定「即時」報告。

(D) 設定資訊主頁。

解答 **A**

Q87 **You have defined goal X such that any PDF download qualifies as a goal conversion. A user comes to your site once and downloads five PDFs. How many goal conversions will be recorded?**

(A) 0。

(B) 1。

(C) 2。

(D) 5。

解答 **B**

解析 此題設定下載PDF文件為目標X，若下載動作成功完成，即達成了目標轉換，題中敘述該訪客僅造訪網站一次，意即只產生一個工作階段，在GA中，同一個工作階段中所達成的目標轉換不會重複計算，因此不論此訪客下載的是1次或5次，在GA的計算中都是一樣的成效，轉換次數僅為1次，故此題答案為選項（B）。

⊃ 【簡體中文題型】

你將目標 X 定義為：一次特定PDF文件下載算作一次目標轉換。某位用戶造访了你的网站一次并下载了5份PDF文件。系統將记录多少次目標轉換？

(A) 0次。

(B) 1次。

(C) 2次。

(D) 5次。

⊃ 【繁體中文翻譯】

你將目標 X 定義為：一次特定PDF文件下載算作一次目標轉換。某位用戶造訪了你的網站一次並下載了5份PDF文件。系統將記錄多少次目標轉換？

解答 B

Q88 Which of the following are parameters of the event tracking data model?

(A) Categories, Labels, Formats.

(B) Categories, Actions, Labels.

(C) Actions, Labels, Methods.

(D) Actions, Titles, Value.

解答 B

解析 此題詢問哪些屬於事件分析的參數？設定事件時，共有四種參數可輸入，見圖1-35，分別為類別（Categories）、動作（Labels）、標籤（Actions）、價值（Values），因此此題答案為選項（B）。

③ 目標詳情

事件條件

設定一或多項條件。事件觸發時，如果您設定的所有條件都符合，系統就會計算一次轉換。您必須設定至少一個事件，才能建立這類目標。瞭解詳情

類別	等於 ▼	類別
動作	等於 ▼	動作
標籤	等於 ▼	標籤
價值	大於 ▼	價值

◇ 圖 1-35

Q89 Which of the following options is the main purpose of the Multi-Channel funnel report?

(A) To show which goals are bringing in the most revenue.

(B) To see which channel resulted in the highest number of pageviews.

(C) To evaluate the interaction and contribution of multiple goals in the conversion/purchase cycle for your site .

(D) To analyze the funnel steps for multiple goals.

解答 **D**

解析 多管道程序報表（Multi-Channel Funnel Report），能夠讓網站管理員得知訪客達成目標的過程中經歷了哪些環節，以及各個環節在這之中所扮演的角色，因此此題答案為選項（D），分析各個目標的環節歷程。

⊃ 【簡體中文題型】

以下何者为多管道程序报表的主要作用？

(A) 显示哪些目标带来最多收入。

(B) 了解哪些管道带来最多网页浏览次数。

(C) 评估多个管道在你网站中的转换/购买周期中互动情况和贡献。

(D) 分析多个目标的管道步骤。

◆ 【繁體中文翻譯】

以下何者為多管道程序報表的主要作用？

(A) 顯示哪些目標帶來最多收入。

(B) 了解哪些管道帶來最多網頁瀏覽次數。

(C) 評估多個管道在你網站中的轉換/購買周期中互動情況和貢獻。

(D) 分析多個目標的管道步驟。

解答 D

Q90 Which of the following options is true about Multi-Channel Funnel (MCF) reports?

(A) When you share a Custom Channel Grouping, only the configuration information is shared. Your data remains private.

(B) The channel labels that you see in Multi-Channel Funnels reports are defined as part of the MCF Channel Grouping.

(C) You can create your own custom channel grouping in addition to the default MCF Channel grouping.

(D) All of this statements are true.

解答 D

解析 管道分組為一組標籤，多管道程序分組（MCF Channel Grouping）即為預先定義好的標籤，在報表中所見標籤（可見圖1-36紅框處）皆來自多管道程序管道分組，選項（B）正確。若想自行建立管道分組，可以透過管理 > 資源檢視 > 自訂管道分組，選項（C）正確。而當共用一組自訂管道分組時，共用的僅是設定資訊，而不會使私人數據公開，選項（A）正確，因此此題答案為選項（D）。

多管道程序管道分組 ?	輔助轉換 ? ↓	輔助轉換價值 ?
1. 直接	**711** (45.23%)	US$320.87
2. 隨機搜尋	**399** (25.38%)	US$261.40
3. 參照連結網址	**236** (15.01%)	–
4. 付費搜尋	**114** (7.25%)	US$75.05
5. 其他廣告	**98** (6.23%)	US$41.99
6. 社交網路	**7** (0.45%)	–
7. (其他)	**5** (0.32%)	–
8. 多媒體	**2** (0.13%)	–

◇ 圖 1-36

▼ 【轉換】

Q91 **You've noticed that many users visit your site several times before converting. Which of the following metrics can help you find out whether a keyword is part of a conversion path?**

(A) Visits.

(B) Assisted conversions.

(C) Impressions.

(D) Bounce rate

解答 **B**

解析 此題欲得知關鍵字是否存在於轉換路徑當中？輔助轉換（Assisted conversions）是指「間接」促成目標轉換的管道，在轉換路徑中，除了直接促成轉換的最終互動，其餘都可視為輔助轉換。因此可以在輔助轉換分析中使用關鍵字維度來得知（如圖1-37紅色框線處所示），此題答案為選項（B）。輔助轉換報表位於轉換 > 多管道程序 > 輔助轉換。

		主要維度： 多管道程序管道分組　預設管道分組　來源/媒介　來源　媒介　其他 ▼		管道分組 ▼
目標對象		收資料列繪製面表　　　次要維度：AdWords 關鍵字 ▼		
客戶開發				
行為		☐ 多管道程序管道分組 ⑦	AdWords 關鍵字 ⊗	輔助
轉換				
▸ 目標		☐ 1. 直接	(not set)	2,65
▸ 電子商務		☐ 2. 參照連結網址	(not set)	59
▾ 多管道程序		☐ 3. 隨機搜尋	(not set)	56
總覽		☐ 4. 社交網路	(not set)	34
輔助轉換		☐ 5. 付費搜尋	google analytics 教學	
熱門轉換路徑		☐ 6. (其他)	(not set)	
轉換耗時		☐ 7. 付費搜尋	流量 google	
路徑長度				
▸ 功勞歸屬				

◇ 圖 1-37

● 【簡體中文題型】

您注意到，許多用戶在多次访问您的网站後才完成了转换。您希望更详细地了解用户是如何到达您的网站的。要了解某个关键字是不是转换路径的一部分，以下哪些指标最有帮助？

(A) 造访次数。

(B) 点击次数。

(C) 展示次数。

(D) 跳出率。

(E) 辅助转化次数。

● 【繁體中文翻譯】

您注意到，許多用戶在多次訪問您的網站後才完成了轉換。您希望更詳細地瞭解用戶是如何到達您的網站的。要瞭解某個關鍵字是不是轉換路徑的一部分，以下哪些指標最有幫助？

(A) 造訪次數。

(B) 點擊次數。

(C) 展示次數。

(D) 跳出率。

(E) 輔助轉換次數。

 解答 E

Q92 **If a paid keyword has an Assisted/Last Click or Direct Conversions value of 0.5, which of the following is true?**

(A) The keyword played an assisted role less often than it played a last click role.

(B) The keyword played an assisted role in exactly five conversions.

(C) The keyword played an assisted role in exactly one conversion.

(D) None of them.

解答 **A**

解析 題中「輔助轉換/最終點擊或直接轉換」（Assisted/Last Click or Direct Conversions）所得的值為0.5，此數值用來表示一個管道在促成轉換時所發揮的成效。在此題中的管道為付費搜尋的關鍵字廣告（Paid Keyword），若輔助轉換/最終點擊或直接轉換所得之值小於1（即分子小於分母），表示輔助轉換的成效不佳，相反地，若值大於1，則代表輔助轉換的成效佳，大多數的轉換是來自於該輔助轉換，因此此題答案為選項（A），此管道在輔助轉換中的比重小於最終轉換。

Q93 **What is an assisted conversion?**

(A) When one goal completion leads to another.

(B) When one traffic source results in a later goal completion through another traffic source.

(C) An AdWords view through conversion.

(D) When an AdWords visitor returns to the site directly to convert.

解答 **B**

解析 由第 91 題解析可知，輔助轉換係指於轉換路徑中，發生在最終互動前的所有互動。故依此定義，選項（B）當屬最適之答案。

Q94 **Which of the following would be most useful in measuring how many days passed between the first visit to a site and the eventual conversion?**

(A) Conversion value.

(B) Path length.

(C) Top conversion paths.

(D) Time lag.

(E) Assisted/Last Click or Direct Conversions.

解答 **D**

解析 此題欲得知訪客從初次進站到完成轉換共花費了幾天的時間？轉換耗時（Time lag）計算訪客在完成轉換前所需花費的天數，因此此題為選項（D），由轉換 > 多管道程序 > 轉換耗時此路徑便可進入此報表，報表範例請見圖 1-38。

轉換耗時 (以天數表示)	轉換	轉換價值	佔總數的百分比 ■ 轉換 ■ 轉換價值	
0	631	$4,350.00	51.85% 31.07%	
1	11	$50.00	0.90% 0.36%	
2	5	$50.00	0.41% 0.36%	
3	9	$150.00	0.74% 1.07%	
4	10	$200.00	0.82% 1.43%	
5	6	$50.00	0.49% 0.36%	
6	8	$200.00	0.66% 1.43%	
7	5	$100.00	0.41% 0.71%	
8	2	$50.00	0.16% 0.36%	
9	8	$200.00	0.66% 1.43%	
10	4	$100.00	0.33% 0.71%	
12-30	518	$8,500.00	42.56% 60.71%	

◇ 圖 1-38

➲【簡體中文題型】

以下哪项指标能帮助你衡量用户首次造访网站与最终完成转换之间相隔了几天？

(A) 转化价值。

(B) 路径长度。

(C) 热门转换路径。

(D) 转化耗时。

(E) 辅助转化次数/最终互动转化次数。

➲【繁體中文翻譯】

以下哪項指標能幫助你衡量用戶首次造訪網站與最終完成轉換之間相隔了幾天？

(A) 轉換價值。

(B) 路徑長度。

(C) 熱門轉換路徑。

(D) 轉換耗時。

(E) 輔助轉換次數/最終互動轉換次數。

解答 D

Q95 Which of the following descriptions of Time Lag report is correct?

(A) Time lag between goal completions.

(B) Lag on the load time of the site.

(C) Time lag between the original session and a goal completion.

(D) Time lag between page views in the goal funnel.

解答 C

解析 由上題解析可知，轉換耗時（Time lag）計算訪客從初次進站到完成轉換前所需花費的天數，因此答案為選項（C）。

Q96 **Your ecommerce site sells colorful bracelets that visitors can customize using a tool online. Which of the following represent a micro conversion for your site?**

(A) Use of the "customize your bracelet" tool.

(B) A exits from your home page.

(C) A completed sales transaction.

(D) All of these are micro conversion for this site.

解答 **A**

解析 轉換可以區分為大型轉換（Macro Conversion）與小型轉換（Micro Conversion），大型轉換是指與公司營運目標「直接」相關的轉換行為，而小型轉換則是與公司營運目標「間接」相關的轉換行為，通常小型轉換是可以促成大型轉換達成的一些行為。若以一間營利型的公司為例，獲利為其主要營運目標，因此，完成交易即為大型轉換，其他如會員註冊與訂閱電子報等則為小型轉換。選項（A）使用「訂製我的手環」工具，可視為間接相關的小型轉換，選項（C）完成交易則為大型轉換。

⮑ 【簡體中文題型】

你的电子商务网站販售彩色腕表，并且访问者可以使用线上工具来进行客制化订制。对於你的网站而言，以下哪些属於小型转化？

(A) 用户使用「订制手表」工具。

(B) 用户浏览首页。

(C) 在线销售。

(D) 线下销售。

(E) 对於此网站而言，以上各项均属於小型转化。

⊃ 【繁體中文翻譯】

你的電子商務網站販售彩色腕表,並且訪問者可以使用線上工具來進行客製化訂製。對於你的網站而言,以下哪些屬於小型轉換?

(A) 用戶使用「訂製手錶」工具。

(B) 用戶瀏覽首頁。

(C) 在線銷售。

(D) 線下銷售。

(E) 對於此網站而言,以上各項均屬於小型轉換。

解答 A

Q97 A macro conversion

(A) occurs when over 50% of visitors buy an item.

(B) occurs when someone completes an action that is important to your business.

(C) is your highest converting campaign.

(D) always occurs prior to a micro conversion.

(E) is a large revenue sale that that is directly attributable to a display campaign.

解答 B

解析 參考第96題解析,大型轉換(Macro Conversion)是指與公司營運目標直接相關的轉換行為,因此此題答案為選項(B)對於公司營運目標來說很重要的行為。而選項(A)、(C)、(E)則與大型轉換的定義完全無關,選項(D)敘述錯誤,通常小型轉換會比大型轉換先發生。

Q98 **Which of the following actions is a macro conversion for an ecommerce website?**

(A) A click on a "buy" button.

(B) A completed sales transaction.

(C) Receiving a product inquiry.

(D) All of these are macro conversions for an ecommerce site.

解答 **B**

解析 參考前幾題解析，大型轉換（Macro Conversion）是指與公司營運目標「直接」相關的轉換行為，因此此題答案為選項（B），選項（A）、（C）皆為小型轉換。

Q99 **Which of the following most accurately describes the concept of attribution in digital analytics?**

(A) Assigning credit for conversions.

(B) Determining a traffic source.

(C) Determining a user's device.

(D) Calculating ROI.

(E) Calculating cost per click.

解答 **A**

解析 功勞歸屬（Attribution）依照不同的分析目的，找出在轉換達成前所有與訪客接觸的環節中，貢獻度較大的環節，不同的功勞歸屬模式會用不同的標準來分配轉換功勞。因此此題答案為選項（A）。

Q100 What is an attribution model in Google Analytics ?

(A) The set of rules that determine which AdWords ads are credited with a conversion.

(B) The set of rules for assigning sessions to new vs returning users.

(C) The set of rules that determine how credit for sales and conversions is assigned to touchpoints in conversion paths.

(D) The set of rules for assigning specific interest categories to each session.

解答 **C**

解析 由上一題解析可知功勞歸屬的定義，而功勞歸屬模式（attribution model）是GA制定來分配功勞給不同環節的模式，此題答案為選項（C）。

⊃ 【簡體中文題型】

Google Analytics中的功劳归属模式是什麽？

(A) 用来判断哪些AdWords广告带来转化的一组规则。

(B) 用来将会话分配给新访客与回访客的一组规则。

(C) 用来将销售功劳与转化功劳分配给转化路径中的各个接触点的一组规则。

(D) 用来将特定兴趣类别分配给每个会话的一组规则。

⊃ 【繁體中文翻譯】

Google Analytics中的功勞歸屬模式是什麼？

(A) 用來判斷哪些AdWords廣告帶來轉換的一組規則。

(B) 用來將工作階段分配給新訪客與回訪客的一組規則。

(C) 用來將銷售功勞與轉換功勞分配給轉換路徑中的各個接觸點的一組規則。

(D) 用來將特定興趣類別分配給每個工作階段的一組規則。

解答 **C**

Q101 **You have found that most of your customers initially learned about your brand via a display ad. Which of the following attribution models cannot give credit to display ads that introduced customers to your brand?**

(A) First Interaction attribution model.

(B) Position Based attribution model.

(C) Last Non-Direct Click attribution model.

(D) Linear attribution model.

解答 C

解析 本題所述之廣告點擊動作為網站與訪客接觸的第一個環節，只有（C）「上次非直接造訪點擊模式」不會將功勞分配給此廣告點擊動作（第一接觸環節），因為此模式將功勞歸於目標轉換前不是直接輸入網址造訪的最終互動。（A）「最初互動模式」會將所有功勞歸給第一接觸環節，在此例中即為廣告點擊動作，（B）「根據排名模式」重視訪客與網站的最初與最終互動，各自可以分配到40%的功勞歸屬，剩餘20%則分配給其他環節，（D）「線性模式」會將轉換功勞平均分配給每個環節。

Q102 **Which attribution models would be useful for evaluating ads and campaigns that are designed to create initial awareness about a brand?**

(A) First Interaction model.

(B) Last Interaction model.

(C) Linear model.

(D) Last Non-Direct Click model.

解答 A

解析 此題詢問哪種功勞歸屬模式，最適於評估給予訪客對品牌第一印象的廣告和活動？參考第101題解析，可得知「最初互動模式」（First interaction model）會將所有功勞歸給第一接觸環節，符合此題欲評估給予訪客「第一印象」的環節，因此此題答案為選項（A），而選項（B）「最終互動模式」（Last interaction model）則是將所有轉換功勞歸給轉換前的最後一個接觸環節。

➲ 【簡體中文題型】

对於重点在初步建立品牌知名度的广告和广告活动来说，以下哪些功劳归属模式最适於用来评估效果？

(A) 最初互动模式。

(B) 最终互动模式。

(C) 线性模式。

(D) 上次非直接造访点击模式。

➲ 【繁體中文翻譯】

對於重點在初步建立品牌知名度的廣告和廣告活動來說，以下哪些功勞歸屬模式最適於用來評估效果？

(A) 最初互動模式。

(B) 最終互動模式。

(C) 線性模式。

(D) 上次非直接造訪點擊模式。

解答 A

Q103 In the linear attribution model,

(A) the last touchpoint receives 100% of the credit for the conversion.

(B) each touchpoint in the conversion path shares equal credit for the conversion.

(C) the touch points closest in time to the conversion get most of the credit.

(D) the first touchpoint receives 100% of the credit for the conversion.

解答 B

解析 參考第101題解析，「線性模式」（Linear Attribution Model）會將轉換功勞平均分配給每個環節，因此此題答案為選項（B）。而選項（A）為最終互動模式；選項（C）為「時間衰減模式」（Time Decay Model）發生時間愈接近轉換行為的接觸環節可以獲得最多的功勞；選項（D）為最初互動模式。

【進階功能】

Q104 You want to track visitors coming from an email, banner, or newsletter campaign. Which of the following options could help you?

(A) It is impossible to track visits coming from non-AdWords campaigns.

(B) Google Analytics will track visitors coming from any campaign automatically.

(C) By manually tagging the destination URLs of the campaign.

(D) By turning auto-tagging on.

解答 **C**

解析 欲追蹤特定的廣告活動,可以透過手動標記網址來自訂廣告活動,也可使用網址產生器來製作帶有追蹤參數的網址,因此此題答案為選項(C),而GA僅能自動追蹤與GA連結的AdWords廣告,故選項(A)、(B)、(D)錯誤。

Q105 Which of the following should you manually tag with campaign parameter?

(A) Banner ads, email campaigns, and non-AdWords CPC campaigns.

(B) Banner ads, referrals, and all CPC campaigns.

(C) Organic search results, referrals and bookmarks.

(D) AdWords campaigns only.

解答 **A**

解析 除了AdWords廣告活動外,其餘廣告活動皆需要透過手動標記(Manually Tag)才能在GA中顯示流量,因此此題答案為選項(A),所有非AdWords廣告活動都須透過手動標記,而AdWords廣告活動,開啟自動標記功能之後即可由GA追蹤流量。

Q106 What is the function of the URL builder?

(A) To generate the URL tracking parameters that need to be appended to an organic search result.

(B) To optimize landing pages.

(C) Using the URL builder is required in order to track AdWords visits.

(D) To generate a URL with tracking parameters.

解答 **D**

解析 由第104題解析可得知，GA允許透過手動標記網址或使用網址產生器（URL builder）來製作帶有追蹤參數的廣告網址，對於不熟悉手動標記參數的分析者來說，網址產生器是一個相當便利的工具，因此此題答案為選項（D）。

⊃ 【簡體中文題型】

网址构建工具的作用是什麼？

(A) 制作需要添加到随机搜寻结果的网址追踪参数。

(B) 优化著陆页。

(C) 要追踪AdWords造访情况，必须使用网址构建工具。

(D) 制作带有追踪参数的网址。

⊃ 【繁體中文翻譯】

網址產生器的作用是什麼？

(A) 製作需要添加到隨機搜尋結果的網址追蹤參數。

(B) 優化到達網頁。

(C) 要追蹤AdWords造訪情況，必須使用網址產生器。

(D) 製作帶有追蹤參數的網址。

解答 **D**

Q107 Where can you find the URL builder?

(A) In the Help Center.

(B) In Conversions Report.

(C) In "Settings" > "Edit" > "Main Website Profile Information".

(D) You can ask a Google Consultant for using the URL builder.

解答 **A**

解析 網址產生器表單位於GA說明中心（GA Help Center），欲使用網址產生器的讀者，可在Google搜尋「網址產生器」，即可進入說明中心的表單，或由以下網址進入：https://support.google.com/analytics/answer/1033867?hl=zh-Hant。注意：現在Google已將網址產生器移至Google Analytics Demos & Tools網站中，但是題目尚未作更新，未來讀者作答時請注意是否出現Demos & Tools網站的選項，以下為新網址：https://ga-dev-tools.appspot.com/campaign-url-builder/。

Q108 Which of the following descriptions is correct of UTM parameters?

(A) Parameters that are added in your website source code that allow Analytics to identify traffic coming from AdWords campaigns.

(B) Parameters that are added to custom campaigns in order to correctly track the performance of these campaign in your Analytics reports.

(C) Parameters that are added to URLs in order to track organic traffic, referral traffic and CPC traffic.

(D) Parameters that are added to your site for Event tracking.

解答 **C**

解析 UTM參數為自訂廣告活動時所使用之參數，將這些參數加在URL網址中，可以用來回傳廣告活動的數據資料到GA平台，第128解析中將提到，AdWords廣告活動是使用gclid參數，選項（A）錯誤。

Q109 Which of the following is a valid tagged custom campaign?

(A) http://www.example.com?utm_medium=email&utm_source=newsletter1&utm_campaign=spring.

(B) http://www.example.com?utm_campaign=fall&utm_medium=email&utm_source=newsletter1&utm_content=a1.

(C) http://www.example.com?utm_medium=referral&utm_source=example&utm_campaign=summer.

(D) http://www.example.com?utm_medium=cpc&utm_source=mysearch&utm_campaign= spring&utm_term=backpacks.

(E) All of these are valid.

解答 **E**

解析 題目詢問哪個網址為有效的自訂廣告活動網址。自訂廣告活動網址除手動設定之外，也可使用網址產生器（URL Builder）來製作，參考圖1-39的網址產生器的必填欄位（如紅色框線處所示），可以得知必要的自訂廣告活動UTM參數為來源（Source），只要包含即為有效，因此以上網址都是有效的，此題答案為選項（E）。而建議之UTM參數有三項：包含來源（Source）、媒介（Medium）與廣告活動名稱（Campaign）。

◇ 圖 1-39

Q110 You want to manually tag a URL. Which group of campaign tracking variables can help you?

(A) utm_source, utm_campaign, utm_medium.

(B) utm_source, utm_content.

(C) utm_content, utm_compaign.

(D) utm_campaign, utm_adgroup, utm_term.

解答 **A**

解析 此題欲手動標記網址，即為第 109 題的自訂廣告活動，因此答案為選項（A），必要之參數為來源，建議之參數則有媒介與名稱，而在網址中輸入參數時，並不需依照特定順序。

Q111 **Which campaign tracking variables are required in order to ensure accurate data shows for your campaigns in the "All Traffic Report"?**

(A) utm_term.

(B) utm_medium, utm_campaign.

(C) utm_content.

(D) utm_source, utm_term, utm_content.

(E) utm_campaign, utm_source, utm_medium.

解答 **E**

解析 此題詢問要在「所有流量」報表中正確顯示廣告活動流量，應使用哪些廣告活動追蹤變數（UTM參數）？參考第109題解析，可得知utm_source（來源）、utm_medium（媒介）、utm_campaign（廣告活動）為使用自訂廣告活動時建議之參數，因此此題答案為選項（E）。

⊃ 【簡體中文題型】

下列何者并非手动追踪广告活动时，建议使用之广告活动参数？

(A) 广告活动来源。

(B) 广告活动名称。

(C) 广告活动媒介。

(D) 广告活动内容。

解答 **D**

⊃ 【繁體中文翻譯】

下列何者並非手動追蹤廣告活動時，建議使用之廣告活動參數？

(A) 廣告活動來源。

(B) 廣告活動名稱。

(C) 廣告活動媒介。

(D) 廣告活動內容。

解答 **D**

Q112 Which is not a standard campaign parameter?

(A) utm_source.

(B) utm_adgroup.

(C) utm_content.

(D) utm_term.

解答 B

解析 參考圖1-39，可得知廣告活動參數總共有五種：utm_source（來源）、utm_medium（媒介）、utm_campaign（廣告活動）、utm_term（字詞）、utm_content（內容），並不包含選項（B）。

⊃ 【簡體中文題型】

以下哪项不是标准的广告活动参数？

(A) utm_source.

(B) utm_campaign.

(C) utm_content.

(D) utm_adgroup.

⊃ 【繁體中文翻譯】

以下哪項不是標準的廣告活動參數？

解答 D

Q113 If you manually tag campaigns, which of the following options would you see in your GA report?

(A) Campaign.

(B) Ad Group.

(C) Match Type.

(D) Placement URL.

解答 **A**

解析 由第109題解析可知，選項（A）Campaign（廣告活動）為正確答案，而其他選項，是在AdWords帳戶與GA連結且啟用自動標記功能

Q114 Which parameters can be used to identify different versions of an advertisement?

(A) utm_source.

(B) utm_ad.

(C) utm_content.

(D) utm_adgroup.

解答 **C**

解析 廣告內容參數（utm_content）可以用來設置不同版本的廣告，因此此題答案為選項（C），而從第109題解析中可得知，選項（B）、（D）並非廣告活動參數。

Q115 Which dimension is not included in the AdWords reporting section of Google Analytics?

(A) Bid adjustment.

(B) Keyword.

(C) Invalid click.

(D) Destination URL.

(E) TrueView Video ad.

解答 **C**

解析 觀察下圖已將AdWords與GA連結的帳戶，可以得知除了選項C無效點擊外，其他選項（A為出價調整幅度、B為關鍵字、D為最終到達網址、E為影片廣告活動）皆有出現於客戶開發報表。

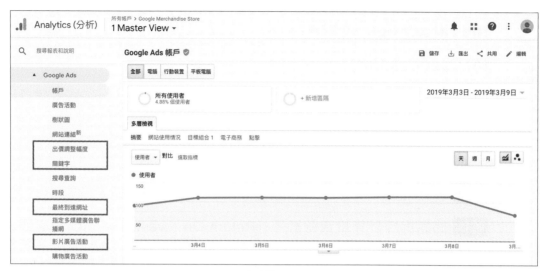

◇ 圖 1-40

➔ 【簡體中文題型】

以下哪个维度没有包含在 Google Analytics 的 AdWords 报告中？

(A) 出价调整幅度。

(B) 关键字。

(C) 无效点击。

(D) 最终到达网址。

(E) TrueView 影片广告活动。

➔ 【繁體中文翻譯】

以下哪個維度沒有包含在 Google Analytics 的 AdWords 報表中？

(A) 出價調整幅度。

(B) 關鍵字。

(C) 無效點擊。

(D) 最終到達網址。

(E) TrueView 影片廣告活動。

解答 C

Q116 **Which of the following are needed by Google Analytics for the calculation of ROI?**

(A) Operating Cost、Revenue.

(B) Interest Rate、Revenue.

(C) Margin、Interest Rate.

(D) Operating Cost、Interest Rate.

解答 **A**

解析 此題詢問計算投資報酬率（Return On Investment, ROI）需要哪些數據？ROI的簡易公式為：（收益/成本）*100%，因此此題答案為選項（A）。

Q117 **Your business objective is to maximize the number of sales through your website Which of the following metrics would most directly help you measure performance against this objective?**

(A) Pages / Visit.

(B) Bounce Rate.

(C) Ecommerce Conversion Rate.

(D) Page Value.

解答 **C**

解析 此題所述的經營目標為最大化銷售業績，選項中最適合用來衡量這項經營目標的是電子商務報表中的電子商務轉換率。

➲ 【簡體中文題型】

您的经营目标是通过您的网站尽最大可能提高销售量。下列哪几项指标可最直接地说明您衡量这个目标的实现情况？

(A) 单次访问浏览页数。

(B) 跳出率。

(C) 电子商务转化率。

(D) 网页价值。

⊃ 【繁體中文翻譯】

您的經營目標是通過您的網站盡最大可能提高銷售量。下列哪幾項指標可最直接地說明您衡量這個目標的實現情況？

(A) 單次訪問瀏覽頁數。

(B) 跳出率。

(C) 電子商務轉換率。

(D) 網頁價值。

解答 C

Q118 Which two metrics below would be the best KPIs for measuring the performance of a ecommerce business?

(A) Pageviews and revenue.

(B) Bounce rate and average session duration.

(C) Revenue and average order value.

(D) Pageviews and bounce rate.

解答 C

解析 在電子商務報表中，收益與平均訂單價值是衡量營利型網站的最佳績效指標，其他選項如跳出率與瀏覽量等，與電子商務內容的直接關連性較小。

Q119 Which of the following options you can only access after activating Advertising Features in GA?

(A) Remarketing.

(B) Interest Categories.

(C) Demographic reporting.

(D) All of these are correct answers.

解答 A

解析 此題詢問哪個資訊在使用廣告功能後才能取得？再行銷（Remarketing）是根據不同類型的訪客投以適合的廣告，來促使訪客完成購買，因此需要有相關的廣告活動設定才能執行此功能，答案為選項（A）。而客層報表（Demographic reporting）興趣類別資料，只要開啟客層和興趣報表後即可使用（如圖1-41紅色框線所示）。

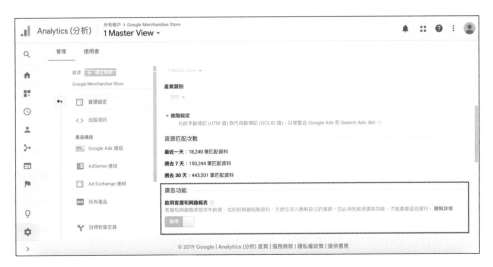

◇ 圖 1-41

Q120 There are many benefits of using GA for Remarketing. Which of the following answers are correct?

(A) You can create remarketing lists without making any changes to your existing GA tag.

(B) You can target visitors who have previously been to your site with customized creative.

(C) You can create remarketing list based on custom segments and targets, for example, users who've been to your site more than once in a 30 days period.

(D) All of the answers are correct.

解答 D

解析 使用再行銷功能時可以建立目標對象名單，來針對不同條件的目標對象投以客製化的廣告內容，建立名單不需更改GA的既有設定，其中「高價值使用者」可以組合行為 最初工作階段日期與電子商務報表中的內容進行資格設定，30天內至少造訪一次以上的訪客可透過行為來找出，因此此題答案為選項（D）三者皆正確。

⮩ 【簡體中文題型】

以下哪項是使用Google Analytics再营销的优点？

(A) 您无须对现有的GA代码做任何修改，即能创建再营销列表。

(B) 对於之前访问过您网站的客户，您可以使用自订广告来将其定位。

(C) 您可以根据自定义细分和目标来创建再营销列表，例如：在30天内访问过您网站不只1次的用户。

(D) 以上皆是。

⮩ 【繁體中文翻譯】

以下哪項是使用Google Analytics再行銷的優點？

(A) 您更改現有的GA代碼，即能創建再行銷名單。

(B) 對於之前造訪過您網站的客戶，您可以使用自訂廣告來將其定位。

(C) 您可以根據自訂區隔和目標來創建再行銷名單，例如：在30天內訪問過您網站不只1次的用戶 。

(D) 以上皆是。

解答 D

Q121 Where should ecommerce tracking code usually be placed?

(A) On all pages in the funnel.

(B) On the landing page.

(C) On the purchase confirmation or "thank you" page.

(D) On the destination URL.

解答 C

解析 此題詢問電子商務程式碼通常會被放置在何處？在消費者確實結帳完成之後，GA才能記錄電子商務相關的重要資訊如消費金額與所購買產品等，因此需將電子商務程式碼置於結帳完成頁面，或是完成結帳後的感謝頁面。

Q122 Where should you place the ecommerce tracking code?

(A) The ecommerce tracking code should replace the standard Google Analytics Tracking Code.

(B) The ecommerce tracking code should be placed before the standard Google Analytics Tracking Code.

(C) The ecommerce tracking code should be placed after the standard Google Analytics Tracking Code.

解答 C

解析 由第121題可知，電子商務程式碼需放置於結帳完成後的頁面，而在該頁面中，因為程式碼的讀取是按照排序由上而下的，需將電子商務程式碼至於原有的GATC程式碼之後，GA才能確實偵測流量資料。

Q123 You need to _____ in order to execute ecommerce tracking.

(A) Add an ecommerce campaign variable to your URLs.

(B) Add ecommerce tracking JavaScript to your receipt page or "transaction complete" page.

(C) Enable ecommerce tracking in at least one of the views for a property.

(D) Have linked an AdWords account with your Google Analytics account.

(E) Both B and C are correct answers.

解答 E

解析 電子商務程式碼通常會置於結帳完成的銘謝惠顧頁面，且需至少在一個資料檢視中開啟電子商務功能，如此一來電子商務的追蹤功能方能正常運作，而要開啟電子商務分析功能可從管理頁面 > 資料檢視 > 電子商務設定進行（如圖1-42紅色框線處所示）。

◇ 圖 1-42

Q124 **Person X and person Y each visits your ecommerce site once. During their visits, person X buys one of your products, then, before leaving the site, she makes another purchase. Person Y buys nothing. What is your ecommerce conversion rate of these two visits?**

(A) 0%。

(B) 50%。

(C) 100%。

(D) 200%。

解答 C

解析 電子商務轉換率（ecommerce conversion rate）的計算方式為：目標轉換總次數/總造訪次數*100%，此處目標轉換總次數（總購買次數）為2次，而總造訪次數也是2次，因此此題答案為選項（C）。

● 【簡體中文題型】

访客A和访客B分别访问了您的电子商务网站一次。访客A在访问过程中购买了一件产品，在离开网站前又购买了另一件产品。访客B什麽也没买。这两次访问的电子商务转换率是多少？

(A) 200%。

(B) 50%。

(C) 100%。

(D) 0%。

➲ 【繁體中文翻譯】

訪客A和訪客B分別造訪了您的電子商務網站一次。訪客A在造訪過程中購買了一件產品，在離開網站前又購買了另一件產品。訪客B什麼也沒買。這兩次訪問的電子商務轉換率是多少？

(A) 200%。

(B) 50%。

(C) 100%。

(D) 0%。

解答 **C**

Q125 **You want to evaluate the landing pages you are using for AdWords ads. Which of the following dimensions would be most useful?**

(A) Ad Group.

(B) Campaign.

(C) Placements.

(D) Keyword.

(E) Destination URL.

解答 **D**

解析 關鍵字（Keyword）分為付費關鍵字與隨機關鍵字，付費關鍵字即為與AdWords連結的關鍵字廣告，可從中得知AdWords是否確實引導訪客進入到達網頁。

Q126 **Which of the following AdWords reports would you use to investigate when you should modify your bidding during certain hours of the day to optimize conversions?**

(A) Destination URLs.

(B) Hour of Day.

(C) Campaigns.

(D) Placements.

(E) AdWords Keywords.

解答 **B**

解析 欲改變AdWords廣告在某時段內的出價時,可透過客戶開發AdWords 時段(Hour of Day)報表中取得相關資料,因此此題答案為選項(B)。

➲ 【簡體中文題型】

使用哪种AdWords报告可以了解你应该针对一天的那些特定时段修改出价,从而获取更多转化次数?

(A) 时段。

(B) 展示位置。

(C) AdWords关键字。

(D) 目标网址。

➲ 【繁體中文翻譯】

使用哪種AdWords報告可以瞭解你應該針對一天的那些特定時段修改出價,從而獲取更多轉換次數?

(A) 時段。

(B) 展示位置。

(C) AdWords關鍵字。

(D) 目標網址。

解答 **A**

Q127 Why your Google CPC visits are not showing up in Google Analytics?

(A) Auto-tagging has not been activated.

(B) A redirect on the destination page removed the gclid parameter.

(C) Ecommerce tracking has not been enabled.

(D) The wrong match type has been corresponded in the profile settings.

(E) Both A and B are possible answers.

解答 **E**

解析 CPC（cost-per-click）指的是點擊付費廣告，在Google中即為AdWords。GA提供產品整合功能，透過將AdWords與GA連結，就能直接在GA報表中觀看AdWords刊登成效。在GA的預設狀況下，會開啟自動標記功能（Auto-tagging），自動匯入AdWords流量資料，若把此功能關閉，則需手動設定後才會顯示資料，因此選項（A）正確。而「gclid參數」是能將AdWords資料匯入GA中的傳遞參數，若伺服器管理員不接受gclid參數，參數就會在伺服器導向的過程中被阻擋，此種情況下僅能使用手動標記功能來解決，因此此題答案為選項（E）。

Q128 Which of the following parameter is the one that auto-tagging appends to an AdWords destination URL?

(A) userid

(B) _ga

(C) clickid

(D) utm

(E) gclid

解答 **E**

解析 開啟自動標記（auto-tagging）功能後，當訪客點擊AdWords廣告進站時，gclid參數會被加進到達網頁網址當中，如：www.example.com/？gclid=abcxyz，因此此題答案為選項（E）。

● 【簡體中文題型】

使用自动标记时，下列哪个网址参数会被附加到AdWords目标网址？

(A) adwordsid＝.

(B) userid＝.

(C) gclid＝.

(D) utm＝.

(E) _ga＝.

● 【繁體中文翻譯】

使用自動標記時，下列哪個網址參數會被附加到AdWords目標網址？

(A) adwordsid＝.

(B) userid＝.

(C) gclid＝.

(D) utm＝.

(E) _ga＝.

解答 C

Q129 Which of the following answers are not advantages of integrating your AdWords account with your Google Analytics account?

(A) This allows you to access your Google Analytics data from within the AdWords interface.

(B) This allows Google Analytics to calculate ROI of your AdWords spend.

(C) This allows you to have AdWords cost data imported into your Google Analytics account.

(D) This allows Google Analytics to differentiate between Google CPC and non-Google CPC visits.

解答 A

解析 由第127題解析可得知，AdWords與GA連結後，就能自動匯入 AdWords流量資料，直接在GA報表中觀看刊登成效。連結之後可以帶來許多優點，如AdWords的費用資料也會匯入GA報表中，因此可以在GA中看到AdWords的成本資料與投資報酬率（ROI），故選項（B）（C）正確。除此之外，也可以直接在GA平台中區分出 AdWords廣告流量（即Google CPC）與非AdWords廣告流量（Non-Google CPC），選項（D）也正確。而選項（A）可以在AdWords報表中取得GA中的資料錯誤，僅能在GA平台中觀看AdWords的資料。

Q130 Auto-tagging is a feature that is used with which type of traffic?

(A) Any search engine traffic that is not from Google.

(B) AdWords Campaign traffic.

(C) Website referrals.

(D) Social media referrals.

解答 B

解析 自動標記（Auto-tagging）僅用於AdWords廣告活動，其他的廣告活動需使用手動標記進行追蹤。

Q131 Which of the following technologies on your site influence how you implement Analytics?

(A) Responsive web design.

(B) Server redirects.

(C) Flash and AJAX events.

(D) Query string parameters.

(E) Both C and D are correct answers.

解答 E

解析 為因應不同的分析目的會有不同的GA操作技術，若要分析訪客對於Flash（一種在網頁上呈現的動畫技術，目前已改用HTML5）或AJAX（一種網頁上的Java語言，專用於呈現動態內容）的點擊行為，可藉由設定事件來達成。若要分析非AdWords廣告的成效，則可透過自訂廣告活動中的查詢字串參數（Query string parameters）來達成，因此選項（C）、（D）為正確。選項（A）回應式網站設計與選項（B）伺服器重新導向不會影響網站流量分析的操作，其中的伺服器重新導向所影響的是網頁載入時間。

Q132 Which of the following are advantages of implementing Google Tag Manager?

(A) You can add AdWords tags to your site without editing site code.

(B) You can add non-Google tags to your site without editing site code.

(C) You can add Google Analytics tags to your site without editing site code.

(D) You can change configuration values in your mobile App without rebuilding a new binary.

(E) All of these answers are correct.

解答 E

解析 Google代碼管理工具（Google Tag Manager）可以協助分析者系統化地管理在GA上所使用的各種追蹤程式碼，共有超過20種追蹤程式碼可供選擇（可參考圖1-43），包含GATC與AdWords等，都可以透過代碼管理工具做新增與管理，不需逐頁修改程式碼，因此選項（A）、（B）、（C）為正確。而Google代碼管理工具可支援不同平台，同時也可用於行動裝置，因此選項（D）也正確，此題答案為選項（E）。

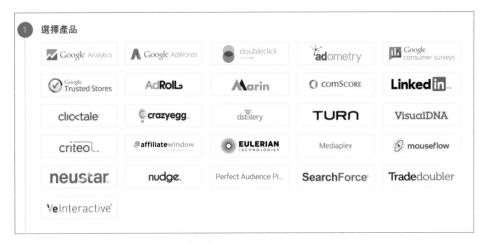

◇ 圖 1-43

➲ 【簡體中文題型】

以下哪些是实施 Google 跟踪代码管理器的优势？

(A) 无需修改网站代码，就能将 Google Analytics(分析)代码添加到您的网站。

(B) 无需重新制作二进位档案，就能更改移动应用中的配置值 。

(C) 无需修改网站代码，就能将非 Google 代码添加到您的网站。

(D) 无需修改网站代码，就能将 AdWords 代码添加到您的网站。

(E) 以上答案均正确。

➲ 【繁體中文翻譯】

以下哪些是實施 Google 代碼管理工具的優勢？

(A) 不需修改網站程式碼，就能將 Google Analytics 追蹤程式碼添加到您的網站。

(B) 不需重新製作二進位檔案，就能更改行動裝置中的配置值。

(C) 不需修改網站程式碼，就能將非 Google 程式碼添加到您的網站。

(D) 不需修改網站程式碼，就能將 AdWords 程式碼添加到您的網站。

(E) 以上答案均正確。

解答 E

Q133 Generally speaking, the recommended best practice is to have one Google Tag Manager Account_____.

(A) for every analytics view.

(B) for every website you want to track.

(C) for your company.

(D) for every person who will have access to GA.

解答 C

解析 Google 代碼管理工具的介紹與用途可參考第 132 題解析，而在代碼管理工具中的帳戶設定可參考圖 1-44，帳戶（Account）之下還有容器（Container），容器可以選擇是網站或行動裝置（iOS/Android），若一個公司底下有一個網站與兩個行動裝置，則可設定一個帳戶底下有三個容器，因此此題答案為選項（C），不用每個網站都設定一個帳戶，只要設定公司所屬之帳戶即可。

◇ 圖 1-44

Q134 **You have already implemented GATC on your website, but you want to start managing it and other tags using Google Tag Manager. You create a Google Tag Manager container and add a GATC tag to that container. Once you have added the container snippet to every page of your site, what do you need to do with the existing GATC?**

(A) Remove the existing Google Analytics tracking code from the website.

(B) Make sure that the existing Google Analytics tracking code is placed after the opening <body> tag.

(C) Update the Google Analytics tracking code with analytics.js.

(D) Replace the account ID in the existing Google Analytics tracking code with the container Id.

解答 **A**

解析 此題詢問使用Google代碼管理工具將GATC嵌入網頁後，如何處理原本已手動嵌入的GATC程式碼？參考第132題解析可得知Google代碼管理工具的用途，而在同一張網頁上，兩組完全相同的GATC程式碼不得並存，因此此題答案為選項（A），移除原本的程式碼。

Q135 **The User ID feature lets you associate engagement data from multiple devices and different sessions with unique IDs. If you want to use the User ID feature you have to**

(A) create a new Analytics account for User ID reporting.

(B) be able to generate your unique IDs.

(C) use Google Tag Manager for your Analytics tracking.

(D) All of the above.

解答 **B**

解析 欲使用User ID功能，必須要能夠產生自己的專屬編號，再將這些編號指定給新訪客並重新分配給回訪客，因此此題答案為選項（B）。而

User ID是屬於資料層級，可以從管理 > 資源 > 追蹤資訊 > User ID中啟用此功能（如圖1-45紅色框線處所示），不需新增額外的GA帳戶，因此選項（A）錯誤，使用Google代碼管理工具可以更輕鬆的在追蹤程式碼中設定User ID，但非必要，因此選項（C）錯誤。

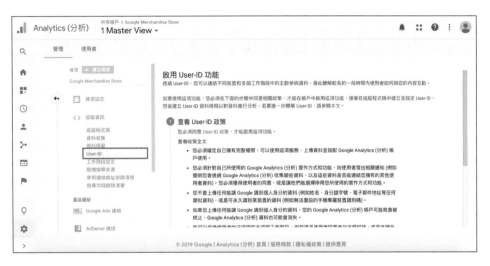

◇ 圖 1-45

⊃ 【簡體中文題型】

你可以使用Use-ID功能，將多个设备和不同会话中的互动数据与唯一ID关联起来。欲使用User-ID功能，你必须：

(A) 创建新的Google Analytics帐户以用于User-ID报告。

(B) 能够生成自己的唯一ID。

(C) 使用Google 跟踪代码管理器来管理Google Analytics 跟踪。

(D) 以上皆是。

⊃ 【繁體中文翻譯】

你可以使用Use-ID功能，將多個設備和不同工作階段中的互動數據與專屬編號連結起來。欲使用User-ID功能，你必須：

(A) 創建新的Google Analytics帳戶以用於User-ID報告。

(B) 能夠生成自己的專屬編號。

(C) 使用Google 代碼管理工具來管理Google Analytics 追蹤。

(D) 以上皆是。

解答 B

Q136 **The User ID feature is commonly used with which of the following website layouts?**

(A) Users can create an account on your website and log in on all types of devices.

(B) Users can navigate between your website and multiple subdomains within one session.

(C) Users must navigate to a 3rd party shopping cart domain to complete a purchase.

(D) You have content that displays on another domain an iFrame.

解答 **A**

解析 User-ID是為了讓網站流量分析師能夠跳脫網站的框架，實現跨載具（Cross-Devices）分析，完整地理解穿梭於各個載具之間的訪客，其瀏覽歷程與網路行為，故此題答案應為選項（A）。

➜ 【簡體中文題型】

User-ID功能通常用于以下哪种网站场景当中？

(A) 用户可於你的网站中建立帐户，并由各类设备登录。

(B) 于同一会话中，用户可在你的网站和多个子网域间跳转。

(C) 用户必须跳转至第三方购物车网域才能完成购物。

(D) 你的内容透过iFrame显示在其他网域上。

➜ 【繁體中文翻譯】

User-ID功能通常用於以下哪種網站場景當中？

(A) 用戶可於你的網站中建立帳戶，並由各類設備登錄。

(B) 於同一工作階段中，用戶可在你的網站和多個子網域間跳轉。

(C) 用戶必須跳轉至第三方購物車網域才能完成購物。

(D) 你的內容透過iFrame顯示在其他網域上。

解答 **A**

Q137 Which of the following is a prerequisite to using Smart Goals?

(A) You must have at least 500 sessions from AdWords ad clicks in the Google Analytics view over the past 30 days.

(B) You must modify your tracking code to support Smart Goal data collection.

(C) You must enable "Smart Goals" in your property settings.

(D) The selected Google Analytics account must have at least 1000 pageviews over the past 30 days.

解答 **D**

解析 欲使用智慧目標有以下三個先決條件：(1)需連結GA與AdWords帳戶。(2)已連結的AdWords帳戶需在過去30天內傳送至少1000次的點擊到GA資料檢視中。(3)該資料檢視一天最多只能收到100萬次造訪。因此此題答案為選項（D）。

Q138 Which of the following Analytics API allows you to access your Google Analytics account configuration data?

(A) Embed API.

(B) Core Reporting API.

(C) Management API.

(D) You cannot access this data with an API.

解答 **C**

解析 API（Application Programming Interface，應用程式介面）是一種由多種函式庫所組成的溝通介面，能夠讓不同的系統或程式方便取用對方的功能與資料。GA官方提供了帳號管理應用程式介面（Account Management API）供開發人員（Developers）取得有關管理GA帳戶的設定資料。參考資料：https://developers.google.com/analytics/devguides/config/mgmt/v3/data-management

Google Analytics ● 考題解析

➲ 【簡體中文題型】

你可以运用以下哪个 Google Analytics API 访问你的 Google Analytics 帐户配置数据？

(A) 核心报告 API。

(B) 嵌入 API。

(C) 管理 API。

(D) 你无法使用 API 访问配置数据。

➲ 【繁體中文翻譯】

你可以運用以下哪個 Google Analytics API 訪問你的 Google Analytics 帳戶配置數據？

(A) 核心報告 API。

(B) 嵌入 API。

(C) 管理 API。

(D) 你無法使用 API 訪問配置數據。

解答 **C**

Q139 The Solution Gallery allows you to import or share which of the following reporting tools or assets?

(A) Custom reports.

(B) Segments.

(C) Goals.

(D) All of the above are correct answers.

解答 **D**

解析 解決方案庫（Solution Gallery）讓網站流量分析師之間能夠彼此分享「資訊主頁」、「自訂報表」、「區隔」、「目標」和「自訂歸屬模式」等設定，故此題答案為 D，三者皆是。

⊃ 【簡體中文題型】

你可以运用解决方案库导入或共享以下哪些报告工具或素材资源？

(A) 自定义报告。

(B) 细分。

(C) 目标。

(D) 以上皆是。

⊃ 【繁體中文翻譯】

你可以運用解決方案庫導入或共享以下哪些報告工具或素材資源？

(A) 自訂報表。

(B) 區隔。

(C) 目標。

(D) 以上皆是。

解答 **D**

▼【題庫更新】

Q1 You want to know the visual representation of user interactions on your website, which of the following report can help you?

(A) Content Drilldown report

(B) User Explorer report

(C) Treemaps report

(D) Behavior Flow report

解答 **D**

解析 「行為流程」報表（Behavior Flow report）以視覺化的方式呈現出使用者的瀏覽路徑，管理者可藉由此報表了解哪些網站內容可以促使使用者持續瀏覽網站，同時也可以找出網站內容可能存在之問題，此題答案為選項（D）。選項（A）為「內容深入分析」報表、選項（B）為「使用者多層檢視」報表而選項（C）為「樹狀圖」報表。

Q2 Segments are applied after sampling in reports.

(A) True

(B) False

解答 **A**

解析 在網站流量數據產生之後，GA會先套用篩選器（filters）而後完成取樣（sampling），接著再套用區隔（segments）。因此篩選器的結果是不可逆的，而區隔則可依當下需求隨時調整，此題答案為選項（A）。

Q3 Which of the following answers cannot be defined as a Remarketing audience ?

(A) Users who from a particular country

(B) Users who visited your physical store

(C) Users who visited a specific page on your website

(D) Users who played a video on your website

解答 **B**

解析 此題詢問何者無法定義為再行銷目標對象？管理者可運用GA中的區隔、事件與使用者特性等資料建立再行銷目標對象，然而，曾造訪過實體店面的訪客資料無法在GA中被識別，因此此題答案為選項（B）。

Q4 What is a "dimension" in Google Analytics?

(A) The total amount of revenue a business has made in a given date range.

(B) A comparison of data between two date ranges.

(C) An attribute of a data set that can be organized for better analysis.

(D) The numbers in a data set often paired with metrics.

解答 C

解析 Google Analytics中的每份報表都是由維度與指標組成的，維度（dimension）是資料的「屬性」，如國家、瀏覽器；而指標（metric）是「量化」的資料，如工作階段、跳出率等，都是用數字計算的資料。此題答案為選項（C）。

Q5 Which of the following answers of a "secondary dimension" in Google Analytics are correct?

(A) An additional dimension you can add to a report for more specific analysis.

(B) A visualization that allows you to understand the impact of your data.

(C) An additional widget you can add to a dashboard for more specific analysis.

(D) An additional metric you can add to a report for more specific analysis.

解答 A

解析 在報表之中除了主要維度之外，還能加入次要維度（secondary dimension），可以將數據更詳細的區分，協助網站管理者做進一步的分析。

Q6 What is a "metric" in Google Analytics?

(A) The numbers in a data set often paired with dimensions.

(B) A dimension that can help you analyze site performance.

(C) A segment of data separated out in a report for comparison.

(D) An attribute of a data set that can be organized for better analysis.

解答 A

解析 指標（metric）是「量化」的資料，如工作階段、跳出率、轉換率等，都是用數字計算的資料。

Q7 Metrics can be paired with dimensions of the same scope.

(A) True

(B) False

解答 A

解析 並非每個指標都能與任何一個維度搭配使用，每個維度與指標都有其所屬的範圍，包含「使用者」、「工作階段」與「匹配」層級，只有屬於相同範圍的維度與指標能夠搭配使用。

Q8 Custom Dimensions can be used as which of the following?

(A) Primary dimensions in Custom Reports

(B) Secondary dimensions in Custom Reports

(C) Secondary dimensions in Standard reports

(D) All of the above

解答 D

解析 在自訂報表中，主要維度與次要維度都由管理者自行選擇，亦可使用自訂維度搭配；而在一般報表中，主要維度已由系統選定，自訂維度僅可作為區隔或是次要維度使用，此題答案為選項（D）。

Q9 **You want to know which browsers may have had problems with your website, which of the following reports can help?**

(A) The Site Search report

(B) The Browser & OS report

(C) The Source/Medium report

(D) The Active Users report

解答 B

解析 從「瀏覽器和作業系統」報表（The Browser & OS report）中，管理員可以得知訪客用不同瀏覽器與作業系統訪問自身網站的狀況，也能找出發生問題的瀏覽器。

Q10 **You can change the default session timeout duration in Google Analytics.**

(A) True

(B) False

解答 A

解析 在GA中，工作階段逾時（session timeout）的預設時長為30分鐘，管理者可依需求至「管理員 > 資源 > 追蹤資訊 > 工作階段設定」修改，最短可設定為1分鐘，最長則為4小時。

Q11 **You must enable _____ to recognize users across different devices.**

(A) Attribution Models

(B) Google Tag Manger

(C) AdWords Linking

(D) UserID

解答 D

解析 UserID功能可以協助管理者辨識使用不同裝置的同一用戶，此題答案為選項（D）。

Q12 You want to use User ID to track users across different devices. Which of the following answers are required?

(A) Google AdWords.

(B) A new Analytics account for reporting.

(C) Sign-in that generates and sets unique IDs.

(D) All of the above.

解答 **C**

解析 欲使用User-ID建立跨裝置間的連結，必須能夠產生自己的專屬編號，再用一致的方式將編號指定給使用者，此題答案為選項（C）。

Q13 You want to know websites that send traffic to your pages, which of the following reports can help?

(A) Demographics

(B) Geo

(C) All Traffic

(D) Behavior

解答 **C**

解析 此題欲得知帶入流量的網站，從「所有流量」（All Traffic）中的「來源/媒介」與「參照連結網址」均可得知。

Q14 Filters let you include, exclude, or modify the data you collect in a view.

(A) True

(B) False

解答 **A**

解析 篩選器（又稱為「資料檢視篩選器」）可以透過排除或僅納入特定數據的功能來修改資料檢視中的數據或只讓某些特定資料顯示。

Q15 Which of the following cannot share using The Solutions Gallery?

(A) Custom reports

(B) Segments

(C) Custom Dimensions

(D) Goals

解答 **C**

解析 解決方案庫（The Solutions Gallery）讓管理者能夠與其他GA帳戶共用自訂報表工具和資產，且共用時只會分享「設定資料」，並不會公開數據資料與個人資訊。而管理者可以透過解決方案庫共用的資料包含「資訊主頁」、「目標」、「區隔」、「自訂報表」與「自訂歸屬模式」，此題答案為選項（C）自訂維度。

Q16 You may apply a new Custom Channel Group retroactively to organize data that has been previously collected.

(A) True

(B) False

解答 **A**

解析 管道分組（Channel Group）是流量來源的分組方式，除了系統所預設的管道分組，管理者可以建立「自訂管道分組」（Custom Channel Group）。「自訂管道分組」建立後，可以立即在報表中選取，也能透過新的管道分組來分類過往的數據資料，此題答案為選項（A）。

Q17 You want to know the pages of your website where users first arrived, which of the following reports can help?

(A) Landing Pages report

(B) Exit Pages report

(C) All Pages report

(D) Location report

解答 **A**

解析 GA中的「到達網頁」（landing page）指的是訪客「進站」的網頁，因此此題答案為選項（A）。

Q18 Which report indicates the last page users viewed before leaving your website?

(A) Pages report

(B) Landing Pages report

(C) Exit Pages report

(D) All Pages report

解答 C

解析 GA中的「離開網頁」（exit page）是指訪客在離站前所瀏覽的最後一張網頁。

Q19 Which of the following statements about segments is incorrect?

(A) You can use segments to build custom Remarketing lists.

(B) Segments are filters that permanently alter your data.

(C) Segments let you isolate and analyze your data.

(D) Segments are either subsets of sessions or subsets of users.

解答 B

解析 網站經營者可以運用區隔（segments）來劃分特定的資料，如來自特定國家的使用者等，而區隔是非破壞性的，並不會改變數據本身，一旦管理者將區隔移除，報表數據即恢復原樣，因此選項（B）錯誤，其餘選項皆為區隔的特性。

Q20 Which of these can be imported to define a remarketing audience?

(A) Custom Report

(B) Custom Segment

(C) Custom Dimension

(D) Custom Metric

解答 **B**

解析 再行銷的目標對象，是運用「區隔」將使用者分類，再投以合適的行銷
方法，而不論是GA中預設的區隔或是自訂區隔（Custom Segment），
都可以運用於再行銷的目標對象，此題答案為選項（B）。

NOTE

本章說明

　　在模擬試題的章節中，仿照考古題之形式，呈現與考古題不同之題型和尚未出現在考古題中的重要概念，此部分以英文題型為主，非考古題之中文題型將集中在第三章節「GA百問」。

Q1 How to create a second view of your traffic data that it contains only a specific subdirectory traffic?

(A) Create a duplicate view and add a filter: select "include only traffic to a subdirectory" from the filter type dropdown, and specify the subdirectory.

(B) Create a new view and apply an advanced filter that deletes page data outside the subdirectory.

(C) Add a filter to the view and remove the tracking code from the other pages of your site.

(D) Create a second Google Analytics account and apply the unique tracking code to the pages in the subdirectory.

解答 **A**

解析 欲建立第二個資料檢視（view），且僅含特定子目錄（subdirectory）的流量，可以透過篩選器（filter）來達成。如同圖 2-1 紅色框線處所示，選擇的篩選器類型為「只包含子目錄獲得的流量」，並輸入欲包含的子目錄名稱，即可完成設定，故此題答案為選項（A）。而選項（B）排除該子目錄以外的其他流量，要能夠完全排除所有不相關的流量在設定上較難以達成，仍可能產生不小心納入其他流量的狀況，因此選用「只包含」該子目錄流量為最恰當作法。

◇ 圖 2-1

Q2 Using filters, you can_____.

(A) exclude visits from a particular IP address.

(B) report on only a subdomain.

(C) include only traffic coming from a particular location.

(D) You can do all of this with filters.

解答 **D**

解析 此題詢問篩選器(filters)的功能，在考古題第58題中，介紹過篩選器主要是用於排除或納入某些特定流量，選項 (A) 排除特定 IP 位址的訪客流量，屬篩選器的排除功能，而選項 (B) 僅呈現來自子網域的流量與選項 (C) 僅納入來自特定地區的流量，則使用了篩選器的「僅包含」功能，因此此題答案為選項 (D)。

Q3 Which of the following is not a way to add data to Google Analytics from other sources?

(A) By linking your AdWords account to Google Analytics to import your advertising data.

(B) By using Data Import to upload click and cost data from your non-AdWords advertising campaigns.

(C) By uploading a CSV file to Google Analytics to attach new dimensions like "Topic" and "Author" to an existing dimension like "Page Title".

(D) By downloading your data from Search Console and manually importing it into Google Analytics.

解答 **D**

解析 選項(A)、(B)、(C)皆是能夠將資料匯入GA中的方法，而選項(D)的 Search Console只能透過與AdWords相同的方式，直接將賬戶與GA連結藉此分享資料，而非將資料下載下來，因此此題答案為選項(D)。

Q4 Which of the following answer cannot do with a Tag Manager account ?

(A) Connect multiple Tag Manager accounts to a single Google account.

(B) Control access permissions to a Tag Manager account.

(C) Access your Google Analytics account.

(D) Manage tags for one or more websites.

解答 **C**

解析 在 Google Tag Manager 中,帳戶底下會有容器(container),此與 GA 的資源(Property)意思相同,即為一個網站。一個帳戶底下可以有多個容器,也就是一個帳戶可以同時管理多個網站,而一個 Google 帳戶也能有多個 GTM 帳戶,跟 GA 的帳戶層級相似,因此此題答案為選項 (C),除了無法使用 GTM 帳戶存取 GA 外,其他選項都是可以由單一 GTM 帳戶達成的。

Q5 Google Analytics can recognize returning users on which of the following devices?

(A) on websites only.

(B) on websites, Android mobile apps.

(C) on websites, iOS mobile apps and Android mobile apps.

(D) Google Analytics cannot recognize returning users on any device.

解答 **C**

解析 GA 可以分辨不同裝置上的回訪客,包含網站與 iOS 和 Android 的手機應用程式(Apps),因此此題答案為選項 (C)。

Q6 It is recommended that you put the Google Analytics Tracking Code(GATC):

(A) just before the opening <head> tag.

(B) just after the opening <footer> tag.

(C) just before the closing </head> tag.

(D) just before the closing </footer> tag.

解答 **C**

解析 Google Analytics官方建議將GATC放置於網頁標頭結尾標記</head>前，是最能讓追蹤程式碼成功運行的方式。

Q7 Which of the following answers cannot do with views in a single Google Analytics account?

(A) To track domains that belong to another account.

(B) To limit a user's access to a subset of data

(C) To look more closely at traffic to a specific subdomain.

(D) To look more closely at traffic to a specific part of a site

解答 **A**

解析 此題詢問哪個選項無法由單一GA帳戶中的資料檢視來達成？答案為選項(A)追蹤屬於其他帳戶的主網域，帳戶底下的資料檢視僅包含屬於該帳戶的網站資料，因此無法追蹤屬於其他帳戶的網站。而選項(B)限制某使用者進入一流量資料集合的權限、選項(C)查看特定子網域的細部流量與選項(D)查看網站某部分的細部流量（如來自特定地區的流量等）都是單一帳戶中的資料檢視可以達成的。

Q8 Which of the following can help you figure out the percentage of sessions in which a specific button was clicked?

(A) Set up Real-Time reporting.

(B) Set up a custom report.

(C) Set up a dashboard

(D) Set up an event.

解答 **D**

解析 此題詢問如何得知某個按鈕被點擊過的工作階段比率？答案為選項(D) 建立事件追蹤。在考古題第 83 題曾介紹過事件(Events)的定義，GA 將事件定義為未開啟額外新網頁的觸發，一般在網頁上點擊按鈕並不會 開啟新網頁，因此欲得知該按鈕被點擊的工作階段比率，可以為該按鈕 設置事件目標。

Q9 How can you send data from a web connected point-of-sale system to Google Analytics?

(A) Use JavaScript tracking code

(B) Use Campaign Tracking parameter.

(C) Use Measurement Protocol.

(D) Use Google Analytics mobile SDK.

解答 **C**

解析 Measurement Protocol是GA訂定的一組標準通訊協定，可以透過任何 連上網路的裝置來收集資料，並傳送至GA的伺服器。因此，欲透過資 訊站、銷售系統站點等機器傳送流量資料至GA時，可以使用此通訊協 定，故此題答案為選項(C)。

Q10 **You want to measure how many conversions were initiated by Paid Search. Which of the following metrics can help ?**

(A) Pageviews.

(B) Assisted conversion value.

(C) First interaction (clicks) conversions.

(D) None of these metrics.

解答 **C**

解析 此題詢問如何得知有多少轉換起始於付費搜尋（Paid Search），意即最初互動為付費搜尋的轉換有多少，此題需得知轉換的最初互動，因此答案為選項(C)，由初次互動維度來找出有多少轉換始於付費搜尋。選項(A)的瀏覽量以及選項(B)的輔助轉換價值，皆無法得知初次互動為何。

Q11 **The URL for the homepage of your site is orange.com/index. You want it appeared as "/homepage" in your Pages report. Which of the following can help?**

(A) Use a Search and Replace custom filter on the Request URI field where Search String is "www.orange.com/index" and Replace String is "www.orange.com/homepage."

(B) Use a Search and Replace custom filter on the Request URI field where Search Strings is "/index" and Replace String is "/homepage."

(C) Both of the following answers are wrong

解答 **B**

解析 此題欲將所有網頁報表中顯示的首頁改為 "/homepage"，欲更改報表的顯示，可以使用自訂篩選器中的「搜尋與取代」功能，欄位選擇「請求 URL」，並輸入欲取代的字串，如圖2-2所示，於搜尋字串中填入 "/index"，而取代字串中則填入 "/homepage"，因此此題答案為(B)。

◇ 圖 2-2

Q12 **True or False: You can just implement the exact same code you use for the website tracking to collect mobile application data with Google Analytics. If you want to collect mobile application data with Google Analytics, just implement the exact same code you use for your website tracking.**

(A) True.

(B) False.

 B

解析 GA可以用來追蹤網站或是行動應用程式(app)，但兩者並非使用相同的追蹤程式碼，甚至連報表內容都有所不同，因此此題答案為選項(B)。

Q13 **If there are a group of website interactions that from the same user device, can Google Analytics distinguish them?**

(A) Yes, by grouping together all hits that are collected within a 30 minute time period.

(B) Yes, by setting a unique ID for the device that is attached to each hit.

(C) Yes, by detecting what city, operating system and browser the hits come from.

(D) No, Google Analytics is not able to detect if a group of interactions are from the same user device.

解答 **B**

解析 此題詢問GA是否能分辨同一用戶裝置所產生的不同互動？答案是可以的，透過給予使用者裝置獨特的ID，GA能分辨出同一裝置所產生的不同互動，因此此題答案為選項(B)。

Q14 **Which of the following campaign tracking variables are necessary when manually tagging a URL?**

(A) utm_content, utm_campaign.

(B) utm_campaign, utm_adgroup, utm_term.

(C) utm_source, utm_content.

(D) utm_source, utm_medium, utm_campaign.

解答 **D**

解析 此題詢問手動標記時必要的廣告活動參數有哪些？考古題第109題中曾提到，必要的自訂廣告活動utm參數包含來源(Source)、媒介(Medium)、與廣告活動名 稱(Campaign)，唯有包含此三者才能成功地完成手動標記網址，故此題答案為選項 (D)。

Q15 **True or False: Google Analytics can detect that a user is a first time visitor or repeat visitor**

(A) Ture.

(B) False.

解答 **A**

解析 GA可以分辨新訪客與回訪者,「目標對象 > 行為 > 新訪客與回訪者」報表即是用來呈現新舊訪客的資訊。當訪客第一次進站時,GA 會發送持續性 cookies 至訪客電腦中,往後就透過偵測訪客電腦中是否有該持續性 cookies,來分辨訪客是否曾經造訪過。因此此題答案為選項(A)。

Q16 **Which of the following can explain a destination URL goal in GA?**

(A) A website page viewed by the visitor once they have completed a desired action.

(B) A page that visitor access to your site.

(C) A page that has given you revenue.

(D) The most popular page on your site.

解答 **A**

解析 此題詢問何者為「目標網址」的解釋,若將一網址設置為目標,代表瀏覽該網頁對網站來說是極具價值的行為,換言之,當訪客瀏覽該網頁後即完成了轉換,因此此題答案為選項(A)。

Q17 **Are filters applied in order, or all at once?**

(A) In order.

(B) All at once.

解答 **A**

解析 當一個資料檢視中有多個篩選器的情況下，篩選器會依照設定的順序來篩選數據，故依照不同的順序篩選會產生不同的結果，管理者在設定篩選器時需特別注意順序是否正確。

Q18 How to see the bounce rate of a specific medium in an Acquisitions report?

(A) Change the primary dimension in the Source/Medium report to "Medium" and view the Bounce Rate metric.

(B) Change the primary dimension in the Channels report to "Medium" and view the Bounce Rate metric.

(C) Change the primary dimension in the Referrals report to "Medium" and view the Bounce Rate metric.

(D) Both A and B are correct answers.

(E) A, B and C are all correct.

解答 **D**

解析 此題詢問如何在「客戶開發」報表中得知特定媒介的跳出率？選項(A)將「來源/媒介」報表中的主要維度更改為媒介並查看跳出率，為可行之方法，可參考圖（如圖2-3所示）。選項(B)，將「管道」報表中的主要維度改為媒介並查看跳出率，亦為可行之方法，可參考圖（如圖2-4所示）。而選項(C)在「參照連結網址」報表中將主要維度更改為媒介再查看跳出率，是錯誤的選項，原因在於參照連結網址即為媒介中的一種，因此主要維度中不會再出現媒介的選項，而在此報表中僅能得知來自各個參照連結網址的跳出率，無法得知其他媒介之跳出率（如圖2-5所示）。因此此題答案為選項(D)。

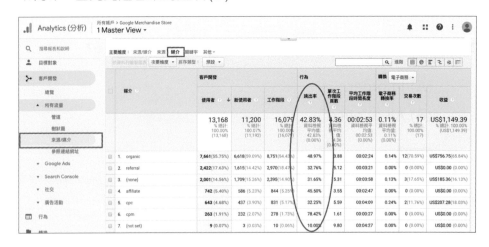

◇ 圖2-3

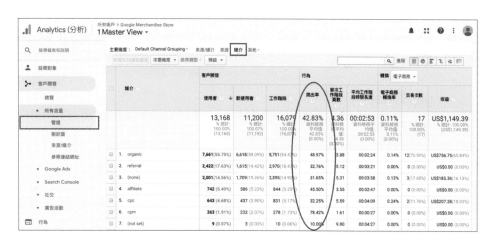

◇ 圖 2-4

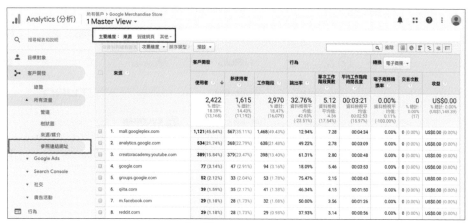

◇ 圖 2-5

Q19 True or False: GA can track visits to cached pages.

(A) True, the JavaScript is executed even from cached pages.

(B) False, the JavaScript is not executed from cached pages.

解答 A

解析 頁庫存檔（cached pages）可以在網頁打不開或無法連線時顯示該網頁的快取內容，而頁庫存檔的流量還是會被GA擷取，因為JavaScript仍會持續運作，因此此題答案為選項(A)。

Q20 **True or False: You can only use Google Tag Manager with Google tags.**

(A) True.

(B) False.

 B

GTM中有20幾種代碼供管理者選擇，除了Google的代碼外，也包含其他第三方代碼，下圖即為可選擇之代碼，因此此題答案為選項(B)。

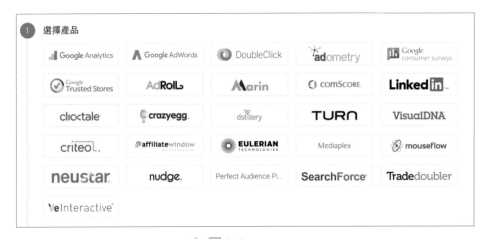

◇ 圖 2-6

Q21 **Which of the following data will show in the "Campaigns" report?**

(A) Visits from all links tagged with the utm_campaign parameter.

(B) Visits from Google AdWords campaigns that have autotagging enabled.

(C) Visits from all links tagged with the parameter utm_medium=referral.

(D) Both A and B are correct answers.

(E) A, B and C are all correct.

 D

解析 廣告活動分為兩種，一種為AdWords廣告自動標記的廣告活動，而另一種為手動標記的自訂廣告活動，自訂廣告活動使用utm參數，管理者可以在自訂廣告活動時，自行設定該廣告活動名稱（由utm_campaign所記錄）。而選項(C)所記錄的是媒介為參照連結網址的流量資料，不會顯示於廣告活動報表之中，因此此題答案為選項(D)。

Q22 There are visitors who searched for your website and those who have not. How to know which group of people have a higher conversion rate?

(A) Use Site Search Overview report.

(B) Use the goal conversion tab on the Site Search Usage report.

(C) Use the goal conversion tab on the Search Terms report.

(D) You cannot get this data from Google Analytics.

解答 B

解析 此題欲得知曾使用站內搜尋(site search)的訪客和未曾使用站內搜尋的訪客，哪個有較高的轉換率？在「行為 > 站內搜尋 > 使用情況」報表中，將訪客區分為曾使用與未曾使用過站內搜尋兩種族群，可以清楚地從該報表中看出兩個族群的轉換率為何，因此此題答案為選項 (B)。

Q23 Which of the following information can you learn from the Site Search reports?

(A) Traffic coming from Google search engines.

(B) Traffic coming from Google paid search.

(C) Traffic coming from search engines.

(D) How users search your site.

解答 D

解析 站內搜尋（Site Search）指的是訪客在網站中的搜尋行為，例如在某網路購物商城中搜尋商品，而並非使用搜尋引擎的搜尋行為。站內搜尋報表可以提供給管理者訪客在網站中進行搜尋的相關資訊，如搜尋字詞、使用站內搜尋的訪客瀏覽行為等，因此此題答案為選項(D)。

Q24 Google Analytics will_____during data Processing.

(A) transform the raw data from Collection using the Configuration settings.

(B) let you adjust Configuration settings before data is collected.

(C) let you access and analyze your data using the Reporting interface.

(D) collect the data from Analytics tracking code added to a website, mobile application or other digital environment.

解答 **A**

解析 考古題第17題中曾講解,組成GA的四大主要元件分別為收集 (Collection)、 設定(Configuration)、 處理(Processing)及報表 (Reporting)。在「處理」的階段中,GA 會使用預先調整完的「設定」來處理在「收集」階段所得到的資料,因此此題答案為選項 (A)。

Q25 Jenny visits a website in the evening. She goes to dinner without closing the browser then revisits the website two hours later. By default, how will this visiting behavior be recorded in GA?

(A) 2 sessions, 2 unique visitors.

(B) 2 sessions, 1 unique visitor.

(C) 1 session, 2 unique visitors.

(D) 1 session, 1 unique visitor.

解答 **B**

解析 在GA預設的情況下,閒置超過30分鐘時該工作階段會結束。因此當 Jenny將原本開的網頁閒置了兩小時後才再回來繼續使用,此時原有的 工作階段已經結束,並開啟了新的工作階段,所以共計算為兩次工作階 段,而Jenny使用相同的裝置瀏覽網頁,GA可以分辨出Jenny為回訪 客,因此會計算為一位單一訪客。

Q26 **You want to show two rows of data on the same graph. Which of the following can help?**

(A) Table filter.

(B) Pie chart.

(C) Date comparison.

(D) Plot rows.

(E) Secondary dimension.

解答 **D**

解析 此題欲得知如何將兩個資料列出現於同一圖表之中？當選取報表中的多個資料列時，報表中會出現「依資料列繪製圖表」（Plot rows）之選項，點選後即會將所選取之資料列繪製於上方圖表中（如圖2-7所示），因此此題答案為選項(D)。

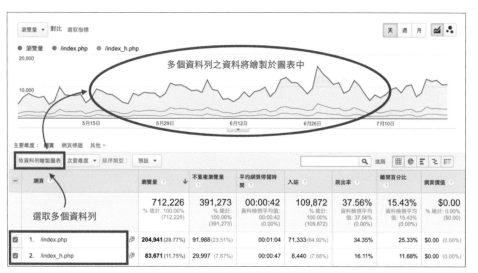

◇ 圖 2-7

Q27 **Which of the following metrics can help you assess AdWords campaign profitability?**

(A) ROI.

(B) Revenue per Click.

(C) CTR.

(D) CPM.

(E) Both A and B are correct answers.

解答 **E**

解析 此題詢問哪些指標可以協助管理者衡量關鍵字廣告的獲利？在此題中，管理者可以透過投資報酬率（ROI）與每次點擊收益（Revenue per Click）來衡量關鍵字廣告為網站帶來的利潤，但前提是管理者須先完成電子商務之設定，因此此題答案為選項(E)。選項(C)的CTR為點閱率（Click Through Rate），而選項(D)的CPM為每千次展示成本（Cost Per 1000 impressions），兩者皆與本題無關。

Q28 **Where did the code snippet for tracking websites with GA be written in?**

(A) AJAX.

(B) JavaScript.

(C) Flash.

(D) PHP.

解答 **B**

解析 GA使用網頁標籤的追蹤技術來進行資料收集，而該標籤即為一小段JavaScript程式碼，稱為GATC（Google Analytics Tracking Code），因此此題答案為選項(B)。

Q29 **Which of the following cannot do with Google Tag Manager?**

(A) Specify when tags should fire.

(B) Manage different versions of tags.

(C) Simplify and speed up tag deployment.

(D) All of the answers can do with Google Tag Manager.

解答 **D**

解析 Google 代碼管理工具（Google Tag Manager）可以協助管理者處理關於代碼的大小事，包含更便利地加入或移除特定代碼、有效率的管理所有曾經使用過的代碼，而這些代碼並不僅限於 Google 之代碼，也包含第三方的代碼，因此此題答案為選項 (D)。

Q30 **How do Google Analytics distinguish between users on web pages?**

(A) Uses the IP address of a device that accesses the site.

(B) Creates anonymous unique identifiers using first-party cookies.

(C) Creates anonymous unique identifiers using third-party cookies.

(D) Uses the city, state and country of a visitor that access the site.

解答 **C**

解析 當訪客造訪網站時，GA 會透過該網站發送 cookies（瀏覽器儲存資料）至訪客的裝置中，這些被稱為 cookies 的小型文件檔可以記錄訪客的網站使用偏好，同時也能協助 GA 分辨網站的訪客。而 cookies 依照發送來源可分為兩種，第一方 cookies（first-party cookies）是由訪客正在造訪的網站所發送，第三方 cookies（third-party cookies）則由非造訪中的網站所發送，因此此題答案為選項 (C)。

Q31 Why you have to install Ecommerce tracking code?

(A) To see which keywords initiates to the sale of which products.

(B) To enable an online payment system.

(C) To monetize goals such as newsletter signups.

(D) To track revenue generated by the website.

解答 **D**

解析 安裝電子商務程式碼後，就能開啓電子商務報表，而電子商務報表可以協助管理者得到網站收入與銷售的相關資訊，因此此題答案為選項(D)。

Q32 You want to know the information of traffic source. Which of the following sections of report can help you?

(A) Acquisition.

(B) Behavior.

(C) Conversion.

(D) Audience.

解答 **A**

解析 從「客戶開發 > 所有流量 > 來源/媒介」報表中可以得知流量的來源資料，因此此題答案為選項(A)客戶開發（Acquisition）。

Q33 If Cost is $5 and Revenue is $5, which of the following is true?

(A) Your ROI is 100%.

(B) Your ROI is 50%.

(C) Your ROI is 20%.

(D) Your ROI is 0%.

解答 **D**

解析 投資報酬率（ROI）的計算方式為（利潤/成本）*100%，而利潤為收益扣除成本，在此題中的利潤為5-5 = 0，故ROI = 0/5 = 0，答案為選項(D)。

Q34 True or False: You can apply an Advanced Segment to historical data.

(A) True.

(B) False.

解答 **A**

解析 在「目標對象 > 行動」報表中，可以得知訪客使用裝置的相關資訊，而行動報表中又分為總覽報表(Overview)與裝置報表(Devices)，總覽報表會分別列出來自電腦(desktop)、手機(mobile)和平板(tablet)的流量，裝置報表則呈現行動裝置 的品牌資訊，因此此題答案為選項 (C)。

Q35 Which of the following is possible reason that there is no data in your Multi-Channel Funnel reports?

(A) You are not using Google Tag Manager.

(B) You haven't implemented Goal or Ecommerce.

(C) You haven't enabled demographic data.

(D) You haven't set up the Goal Funnels.

解答 **B**

解析 多管道程序（Multi-Channel Funnel）報表，能讓管理者得知訪客完成轉換所經歷的環節，與各個環節所扮演的角色。因此管理者需要設定好「轉換」相關的資訊，才能讓多管道程序報表中顯示資料，而目標與電子商務設定都與轉換相關，因此此題答案為選項(B)。

Q36 For content publishers, what business objectives would be most relevant?

(A) Encourage engagement and frequent visitation.

(B) Collecting user information for sales team to connect to with potential leads.

(C) Selling products or services.

(D) All these options are equally relevant as business objective for content publishers.

解答 **A**

解析 對於內容發佈商（如網路媒體）來說，提供給訪客最重要的價值就是其所發佈的內容，同時主要也是這些內容為業者帶來了獲利與成長，因此增加訪客與網站的互動，並提高訪客的黏著度與造訪次數等，是這些內容發佈商的首要目標。

Q37 You want to evaluate the difference of traffic from desktop, smartphone and tablet users. Which of the following reports can help?

(A) Browser & OS reports.

(B) Frequency & Recency reports.

(C) Mobile reports.

(D) Engagement reports.

解答 **C**

解析 在「目標對象>行動裝置」報表中，可以得知訪客使用裝置的相關資訊，而行動裝置報表中又分為總覽報表（Overview）與裝置報表（Devices），總覽報表會分別列出來自電腦（desktop）、手機（mobile）和平板（tablet）的流量，裝置報表則呈現行動裝置的品牌資訊，因此此題答案為選項(C)。

Q38 While installing GATC, you should make sure that GATC is included on every page of the website you want to track.

(A) True.

(B) False.

解答 **A**

解析 在「目標對象 > 行動裝置」報表中，可以得知訪客使用裝置的相關資訊，而行動裝置報表中又分為總覽報表（Overview）與裝置報表（Devices），總覽報表會分別列出來自電腦（desktop）、手機（mobile）和平板（tablet）的流量，裝置報表則呈現行動裝置的品牌資訊，因此此題答案為選項(C)。

Q39 Which answer correctly describes the concept of attribution in Google Analytics?

(A) Calculating ROI.

(B) Determining a traffic source.

(C) Calculating CPC.

(D) Allocating credit for conversions.

解答 **D**

解析 功勞歸屬(Attribution)主要功能在於分配轉換價值給轉換路徑中的環節，訪客在完成轉換前會經歷不同的路徑，有的路徑長，有的路徑短，儘管如此，轉換路徑中的每一個環節都對於該轉換有所貢獻。但不同情況下，每個環節所帶來的貢獻也會不同，功勞歸屬分析可以協助管理者依照不同的分析目的，來找出貢獻度大的環節，如此一來，能夠更準確地得知行銷活動的成效，因此此題答案為選項 (D)。

Q40 **You need to_____to set up Ecommerce tracking.**

(A) enable ecommerce tracking in at least one of the views for a property.

(B) add commerce tracking JavaScript to your receipt page or "transaction complete" page.

(C) add an commerce campaign variable to your URLs.

(D) have linked an AdWords account with your Google Analytics account.

解答 **B**

解析 為了開啟電子商務報表的功能，除了於管理介面中其用電子商務功能外，還需要為網站正確地設定電子商務追蹤程式碼，故此題答案為選項(B)。

Q41 **Which of the following cannot be collected by Google Analytics ecommerce JavaScript?**

(A) Credit card number.

(B) Purchase amount.

(C) Billing city.

(D) Tax amount.

解答 **A**

解析 GA的服務條款中明確說明不會收集與回傳個人隱私資料，因此此題答案為選項(A)，屬於個人隱私資料的信用卡號碼是被無法收集的。

Q42 Which of the following Behavior reports would you use to identify the pages of your site that have the highest bounce rate as the first page of a user's session?

(A) Landing Pages.

(B) Exit Pages.

(C) Site Search.

(D) Events.

解答 **A**

解析 跳出率(Bounce Rate)的定義為訪客進站之後並未瀏覽其他網頁即離站，因此只有訪客進站的網頁——到達網頁(Landing Pages)才會有跳出率的數據，故欲得知哪個網頁的跳出率最高需查看此報表，此題答案為選項 (A)。

Q43 Select the Goal URL pattern and match type that will count all of the following pages as conversions
http://www.abc.com/coffee/buy.asp
http://www.abc.com/coffee/buy.asp/product
ttp://www.abc.com/coffee /buy.asp?prodid=25

(A) Pattern is "/coffee/buy.asp" and match type is "Begin with".

(B) Pattern is "/coffee/buy.asp?prodid=*" and match type is "Equals to".

(C) Pattern is "/coffee/buy.asp" and match type is "Begin with".

(D) Pattern is "/coffee/buy.asp" and match type is "Equals to".

解答 **C**

解析 此題要考生選出能將題目所列網址都視為轉換的目標網址設定。選項(C)將比對類型設定成開頭為(Begins With)，而比對字詞輸入" /coffee/buy.asp"（如圖 2-8 紅框處所示），在此情況下，只要網址開頭為 www.abc.com/coffee/buy.asp 的網址皆能被計算為目標，因此此題答案為選項 (C)。此題測驗設定目標網址的概念，可參考考古題第 79 題。

◇ 圖 2-8

Q44 You want to compare the traffic from Taiwan, Singapore, and the US. Which of the following can help?

(A) Create 1 custom report with the single dimension Region.

(B) Create 3 views, each of which includes visits from a single city.

(C) Create 3 advanced segments, each of which includes visits from a single city.

(D) All of these answers cannot help.

解答 **C**

解析 此題欲比較來自於三個不同國家的流量，考古題第62題曾講解，區隔 (Segment)可以從流量資料中劃分出一小部分資料並進行分析，因此此題答案為選項 (C)。選項 (A) 自訂報表(Custom Report)可以納入特定地區的流量，但要並列比較三個區隔仍然 不方便,選項 (B) 的新增資料檢視(views)並無法僅包含或排除某特定地區之流量。

Q45 **Which of the following answer is the process Google Analytics uses to retrieve data from large, complex data sets faster ?**

(A) Configuration.

(B) Expediency.

(C) Retrieval.

(D) Sampling.

解答 **D**

解析 當報表包含了超過50萬個工作階段資料時，GA會運用統計學的概念進行自動取樣（Sampling）來縮短處理時間，因為分析全部跟分析部分資料能夠得到類似的結果，因此答案為選項(D)。而當報表是採用取樣資料時，管理者可以調整取樣範圍來依需求提高準確度或速度。

Q46 **You found that a significant percent of your site traffic is coming from your internal users and is skewing your customer data. Which of the following can help?**

(A) Create a new account and renew the traffic data.

(B) Use secondary dimension to exclude traffic from internal users.

(C) Add a filter that excludes internal traffic from being included in your report views.

(D) None of the answers can help.

解答 **C**

解析 當內部使用者（如：網站管理團隊）的流量過多造成流量資料被稀釋時，可以使用篩選器來排除來自內部使用者的流量，因此答案為選項(C)。而選項(A)，就算重新蒐集流量，內部使用者的流量還是會被計算，並非可行之方法。

Q47 **Which of the following reports can help you to find out whether people are viewing the new content that you just added today immediately ?**

(A) Annotations.

(B) Intelligence.

(C) Real-Time.

(D) Secondary dimensions.

解答 **C**

解析 即時報表(Real-Time)可以讓管理者立即得知網站上有幾位訪客、這些訪客進站的來源、正在瀏覽的內容等,,因此此題答案為選項 (C),而其餘報表中的資料,最慢會在 24 小時內顯示,故無法用於觀看即時資料。

Q48 **How to determine whether first-time visitors or repeat visitors spend more time on your site on average?**

(A) Use Browser & OS reports.

(B) Use Engagement reports.

(C) Use New vs. Returning reports.

(D) Use Frequency & Recency reports.

(E) Use Mobile reports.

解答 **C**

解析 欲得知新舊訪客的瀏覽狀況,可以查看新訪客與回訪者報表(New vs. Returning), 而 選項(D)頻率與回訪率報表(Frequency & Recency)是用來呈現訪客回訪的次數與上一次造訪的時間,其他選項則與新舊訪客無關,因此此題答案為選項(C)。

Q49 **Sharing a link to a custom report only shares a template for the report.**

(A) True.

(B) False. when you share a link to a custom report, you share the data in report.

解答 **A**

解析 當共用任何GA當中的資產時，並不會公開該帳戶的個人資訊與該帳戶中的資料，同樣的，當管理者由解決方案資料庫匯入他人共用之資產時，只有範本會匯入，並不包含流量資料，因此此題答案選項(A)。

Q50 **You should manually tag organic search results with campaign tracking variables.**

(A) True.

(B) False.

解答 **B**

解析 隨機搜尋（organic search）的結果並無法使用手動標記，因網站管理者無法更改在自然搜尋中所出現的網站網址，故無法使用手動標記來進行任何追蹤行為，此題答案為選項(B)。

Q51 **Google Analytics can only recognize returning users on websites, not on mobile apps.**

(A) True.

(B) False.

解答 **B**

解析 GA會依據流量側錄對象的不同而採用對應的追蹤機制，藉此判斷使用者是否為回訪客，用於網站訪客上的是第三方持續性cookies，而對於App使用者則是透過行動應用程式開發套件（Software Development Kit）於App之中植入專屬追蹤編號（Tracking ID）。

Q52 You have a new company and you want to evaluate campaigns and ads that are designed to create initial awareness about the company. Which of the following attribution models can help?

(A) Linear Model.

(B) Last Interaction Model.

(C) Last AdWords Click Model.

(D) First Interaction Model.

解答 **D**

解析 由於在新網站中大部份的訪客都是新訪客，新訪客如何與網站產生第一次互動，是極為重要的資訊，而此題欲評估網站初期的廣告成效，因此可透過最初互動模式（First Interaction Model），來找出是什麼樣的廣告活動促成了訪客與網站的最初互動，因此此題答案為選項(D)。

Q53 By default, a visitor needs to be inactive for_____so that her/his next visit will be counted as another session.

(A) 30 minutes.

(B) 60 minutes.

(C) 100 minutes.

(D) 1 day.

解答 **A**

解析 此題考驗考生對於GA預設的工作階段逾時是否了解，此概念對於工作階段次數計算十分重要。GA所預設的工作階段逾時為30分鐘，訪客在網頁中閒置超過30分鐘時，該工作階段便會自動關閉，因此此題為選項(A)。

Q54 **About the hierarchical structure of a Google Analytics account, which of the following is true?**

(A) View → Account → Property.

(B) Account → Property → View.

(C) Account → View → Property.

(D) Property → Account → View.

解答 **B**

解析 GA的帳戶層級結構為帳戶(Account) → 資源(Property) → 資料檢視(View)，如圖2-9所示，因此此題答案為選項 (B)，帳戶層級結構的詳細介紹可參考考古題第 6 題。

◇ 圖2-9

Q55 **Real Time reports can show you whether the GATC is working on a particular page or not.**

(A) True.

(B) False.

解答 **A**

解析 即時報表（Real Time reports）可以提供訪客「正在瀏覽」的網頁資訊，因此可以用來檢查網頁是否成功嵌入GATC。

Q56 **Which of the following reports can help you figure out the most popular content on your site?**

(A) Real Time.

(B) Behavior.

(C) Conversion.

(D) Acquisition.

解答 **B**

解析 從「行為 > 網站內容 > 所有網頁(All Pages)報表」中,可以得知網頁中最受歡迎的頁面為何,因此此題答案為選項 (B)。

Q57 **Generally speaking, it is recommended that you set up one Google Tag Manager account for _____ .**

(A) every account of Analytics.

(B) every site you want to track.

(C) every Analytics view.

(D) your company.

解答 **D**

解析 一般來說,一間公司只需要建立一個GTM帳戶即可,就算是擁有多個網站的公司,也能透過該GTM帳戶來管理所有網站,因此答案為選項 (D)。

Q58 **True or False: The date range set for a Dashboard cannot apply to Real-Time reports.**

(A) True.

(B) False.

解答 **A**

解析 即時報表（Real-Time reports）僅呈現網站當下的流量數據,而不會呈現歷史數據,因此日期範圍的設定對即時報表不管用,答案為選項 (A)。

Q59 **Which of the following would you use to send data from a website to Google Analytics?**

(A) JavaScript tracking code.

(B) Google Analytics mobile SDK.

(C) Campaign Tracking parameter.

(D) None of these would be appropriate.

解答 **A**

解析 管理者所嵌入網站中的 Google Analytics Tracking Code，是一段 JavaScript 追蹤程式碼，透過這段程式碼就能將網站側錄到的流量資料傳送至 GA 伺服器，因此程式碼嵌入成功與否十分重要，將左右數據是否能夠傳送。

Q60 **Filters can modify the data in your Google Analytics reports by_____. Which of the following answer is incorrect?**

(A) including data changing how data looks in reports.

(B) exporting data.

(C) excluding data.

(D) including data.

解答 **B**

解析 在許多題目中都從提到過，篩選器（Filters）的基本功能是納入與排除流量資料，而篩選器亦可改變數據在報表中所呈現的樣貌（將 /index 改為 /homepage），因此此題答案為選項 (B)，篩選器無法將資料輸出。

Q61 **How to send data to Google Analytics from a web connected point-of-sale system?**

(A) Use gclid parameter.

(B) Use Campaign Tracking parameter.

(C) Use Measurement Protocol.

(D) Use JavaScript tracking code.

解答 **C**

解析 Measurement Protocol能將所有可連網裝置的資料傳送至GA伺服器，因為可連網裝置會牽涉到不同裝置間的資訊傳遞，Measurement Protocol即是用於協助不同裝置的通訊協定，藉以達成資料的交換與傳遞。

Q62 For ranking pages according to revenue contribution, which of the following answers would be most useful?

(A) Revenue.

(B) Bounce Rate.

(C) Page Value.

(D) ROI.

解答 **C**

解析 此題欲衡量網頁的收益貢獻。網頁價值（Page Value）是訪客在完成目標前所造訪網頁的平均價值，能讓管理者得知哪些網頁對於網站收入較有貢獻，而若網頁未以任何形式參與電子商務交易，該網頁的網頁價值為0，因此此題答案為選項(C)。選項(D)為投資報酬率（Return On Investment）。

Q63 What is a cookie?

(A) A tiny blank image stored on a web analytics server.

(B) The amount of data that can be transmitted along a communication channel in a fixed amount of time.

(C) A tiny text file stored in a visitor's hard disk by a website.

(D) A temporary storage area that a web browser or service provider uses to store common pages and graphics that have been recently opened.

解答 **C**

解析 cookie（瀏覽器儲存資料）為存放在訪客電腦硬碟中的小型文件檔，可以記錄訪客的網站使用偏好，因此cookie對於GA來說非常重要，若是訪客拒絕存取cookies將會導致GA無法正常運作。

Q64 A session in Google Analytics consists of:

(A) Interactions or hits from a specific user over a defined period of time.

(B) Interactions or hits from a specific user for all time.

(C) The reports generated by users over a specific period of time.

(D) None of these answers is correct.

解答 **A**

解析 工作階段（Session）的定義為在某個時段中，網站上發生的一組互動，因此此題答案為選項(A)。

Q65 Which of the following are advantages of implementing Google Tag Manager?

(A) You can add Google Analytics tags to your site without editing site code.

(B) You can add non-Google tags to your site without editing site code.

(C) You can add AdWords tags to your site without editing site code.

(D) All of these answers are correct.

解答 **D**

解析 Google 代碼管理工具（Google Tag Manager）可以讓管理者更有效率地加入、移除與管理Google與第三方代碼，使用代碼管理工具後，管理者只要在介面中即可完成代碼的添加、移除與修改，不需手動在複雜的程式碼畫面中進行設定，因此此題答案為選項(D)。

Q66　Which of the following statements are true?

(A) After a view is deleted for a few days, it can be restored using the Trash Can feature.

(B) Using Google Analytics to view data from two websites in aggregate, you must use the same tracking ID on both sites.

(C) When a new view is created, it will show the historical data from the first view you created for the property.

(D) Both A and B are correct answers.

(E) A, B and C are all correct.

解答 **D**

解析 選項(A)，GA中的帳戶資料，包含帳戶、資料與資料檢視等被刪除後，會先存放在垃圾桶，35天後則會從垃圾桶永久刪除。選項(B)在不同的網站中，通常會嵌入不同的追蹤程式碼，來防止兩個網站的資料受混淆，但是若欲兩個網站的資料合併，則需嵌入完全相同的追蹤程式碼。選項(C)，新建立的資料檢視，將從建立的當下開始記錄流量，不會包含歷史數據，因此此題答案為選項(D)。

Q67　Once your Google Analytics data has been processed, it can not be changed.

(A) True.

(B) False.

解答 **A**

解析 GA蒐集到流量資料後，會依照管理者的設定來處理數據並製作報表，而數據資料經處理過後，就無法再改變，只能更改報表的呈現方式，例如需要加入哪些區隔、增加次要維度或更改日期區間等，所以GA的資料是無法造假的，報表所呈現的都是真實記錄的訪客行為。

Q68 Google Analytics can track_____.

(A) user activity on a website.

(B) user activity on any digitally connected device.

(C) user activity on a mobile application.

(D) user activity on a mobile website.

(E) All of these answers are correct.

 E

 網站、行動應用程式以及所有可以與網路連結的數位裝置,都屬於GA追蹤的範疇。

Q69 The tracking code in Google Analytics cannot:

(A) tracks changes in your AdWords account.

(B) sends data back to your Google Analytics account for reporting.

(C) identifies new and returning users.

(D) connects data to your specific Google Analytics account.

 A

 GA帳戶可以與AdWords帳戶做連結,就能在GA中獲得AdWords的點擊資訊,但是GA的追蹤程式碼無法紀錄AdWords帳戶中的變更,因此此題答案為選項(A)。

Q70 Where do the demographics and interest category information in Google Analytics come from?

(A) Google Search Console.

(B) Survey data filled out by users.

(C) The DoubleClick third-party cookie.

(D) The AdWords first-party cookie.

 C

解析 此題詢問GA中的客層（demographics）與興趣資料從何而來？DoubleClick公司是Google所合作的多媒體廣告聯播網夥伴，GA使用該公司的第三方cookies來判斷訪客的性別、年齡與興趣等資料。此外，GA也可以從Google多媒體廣告聯播網的夥伴網站中取得相關資料，但此題中並無列出此選項，因此答案為選項(C)。

Q71 Which of the following would help you to determine the conversion value of a paid keyword?

(A) CPM.

(B) CTR.

(C) Real-Time.

(D) Multi-Channel Funnels.

(E) None of them.

解答 **D**

解析 題目問到了關鍵字廣告(Paid Keyword)的轉換價值，選項(C)的即時報表(Real- Time)與關鍵字廣告並無任何關係，應先將此選項排除；而選項(A)的千次曝光出價(CPM)是於多媒體廣告聯播網(Google Display Network)播放圖像或影片廣告的計費方式，因此錯誤；選項(B)的點閱率(CTR)雖是關鍵字廣告的點擊成效指標，可惜的是點擊廣告並非一定會帶來轉換，故亦非正確答案；唯有選項(D)的多管道程序(如下圖紅色框線處所示)，因其可紀錄不同行銷管道(含關鍵字廣告)如何為網站帶來轉換，所以選項(D)才是正確答案。

◇ 圖 2-10

Q72 During aggregation, Google Analytics:

(A) Exports the collected data into a Google Spreadsheet.

(B) Organizes the collected data into tables that based on your report dimensions.

(C) Export the collected data first then organized it outside the database.

(D) Samples the data immediately.

解答 **B**

解析 在彙整資料的階段中，GA會將流量資料按照管理員所要求的維度與指標進行整理，最後才將彙整完畢的資料匯出至 GA 平台上的報表，故答案應為選項(B)。

Q73 In order to distinguish between users on web pages, Google Analytics:

(A) Uses the IP address of a device that accesses the site.

(B) Uses the city, state and country of a visitor that access the site

(C) Creates anonymous unique identifiers using third-party cookies.

(D) Creates anonymous unique identifiers using first-party cookies.

解答 **D**

解析 當訪客造訪網站時，GA會透過網站發送第一方Cookie給訪客，其中記錄了訪客的造訪時間以及一組獨特的編號，透過這些造訪資訊GA便能輕易辨別不同的訪客。

Q74 **When Google Analytics processes data, one of the main tasks it completes is organizing hits into:**

(A) Users and sessions.

(B) Cohorts and interactions.

(C) Registered users and browsers.

(D) Purchasers and browsers.

解答 **A**

解析 如圖2-11所示，GA會將側錄到的流量資料，依據User（使用者）、Session（工作階段）、Hit（點擊）此三層架構進行歸納、彙整，故答案應為選項A。

◇ 圖2-11

Q75 **True or False: Rather than using the random numbers that the tracking code creates for each website visitor, you can override the unique ID with your own number.**

(A) True.

(B) False.

解答 **A**

解析 GATC會配一組獨一無二的號碼給訪客造訪網站時所使用的裝置，以後便可藉此辨別其為新訪客或回訪客，但我們也可以透過自行定義的User-ID功能來實行跨裝置分析(如圖2-12紅色框線所示)，因此答案為正確。

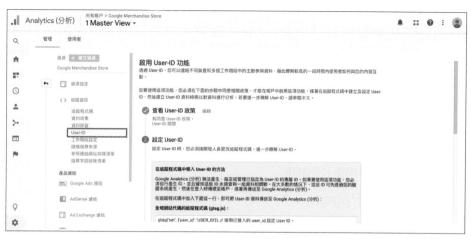

◇ 圖 2-12

Q76 Which of the following cannot do with the reporting APIs ?

(A) Automate complex reporting tasks.

(B) Automate your tracking code customizations.

(C) Retrieve visitor private data for your own applications.

(D) Build your own dashboard with Google Analytics data.

解答 C

解析 API(Application Programming Interface,應用程式介面)是一種由多種函式庫所組成的溝通介面,能夠讓不同的系統或程式方便取用對方的功能與資料。透過API,軟體開發人員能夠編寫程式向GA的Server自動化地獲取流量資料,並且整理成客製化的報表(選項A),或是將分析結果呈現於企業內部系統的儀表板(Dashboard)上(選項D)。除此之外,當然也能夠委託 IT 部門同仁依照分析人員的需求調整追蹤程式碼(選項B),以利追蹤更完整的訪客行為資料。因此此題答案為選項(C),訪客的隱私資料是無法被取得的。

Q77 **You want to find new keyword ideas for your search advertising campaigns.Which of the following Behavior reports could you use ?**

(A) All Pages.

(B) Content Drilldown.

(C) Landing Pages.

(D) Exit Pages.

(E) Site Speed.

(F) Site Search.

(G) Events.

解答 **F**

解析 題目問及希望能夠找到新關鍵字的靈感來源,故可透過站內搜尋報表 (Site Search)觀察訪客平時使用何種關鍵字於網站內進行搜尋行為(如 圖2-13紅色框線所示)。

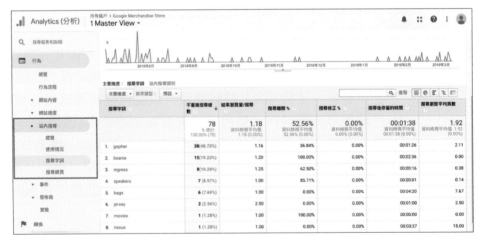

◇ 圖 2-13

Q78　Which of the following are configurations that permanently modify your data during the processing stage? (select all that apply)

(A) Channel Groups.

(B) Content Groups.

(C) Custom Reports.

(D) Filters.

(E) Goals.

(F) JavaScript Customization.

解答 A、B、D、E

解析 題目問及哪些設定會「永久」地修改側錄到的流量資料。選項(A)的管道分組(Channel Groups)具有能夠將流量按照管理員自行定義管道進行分類的能力；選項(B)內容分組(Content Groups)係指，依據自身網站的邏輯架構對流量資料分門別類地紀錄，例如販售鞋子的電子商務網站，即可依據運動鞋、休閒鞋、拖鞋等類別進行內容分組管理；選項(C)的自訂報表僅是管理者自行選定報表中欲呈現的維度、指標為何，此舉並不會對流量造成實際的影響；選項(D)的篩選器會在蒐集流量階段即對資料作出修改、排除等動作，故此選項亦正確；選項(E)的目標則是會將依照管理者定義的轉換，對網站進行流量的側錄，故此選項正確。而最後選項(F)的自訂 JavaScript 係屬網頁上的設計，與 GA 中資料處理較無關係，故不正確。上述四個答案皆可於管理中的資料檢視進行設定(如圖2-14紅色框線所示)。

◇ 圖2-14

Q79　Which of the following is correct during data processing?

(A) Google Analytics transforms the raw data from Collection using the Configuration settings.

(B) Google Analytics collects the data from Analytics tracking code added to a website, mobile application or other digital environment.

(C) Google Analytics lets you access and analyze your data using the Reporting interface.

(D) Google Analytics lets you adjust Configuration settings before data is collected.

解答 **A**

解析 在資料處理(Data Processing)的過程中,GA會將側錄到的流量按照設定階段 的定義對資料進行調教,例如:使用篩選器將不需要的流量進行排除,故正確答案應為選項(A)。而選項(B)、(C)與(D)分別屬於GA平台的蒐集(Collection)階段、設定(Configuration)階段與報表(Reporting)階段,與題意不符。

Q80　True or False: It is possible to customize the default channels in the Channels report and create your own custom channels from scratch.

(A) True.

(B) False.

解答 **A**

解析 我們可以在「管理 > 資料檢視 > 自訂管道分組」, 對預設管道分組進行修改或是定義新的管道分組(如圖2-15 紅色框線處所示),因此答案為正確。

◇ 圖 2-15

Q81 You can retrieve Google Analytics reporting data through the following methods:(select all that apply

(A) The account administration settings.

(B) The reporting interface.

(C) The SDKs.

(D) An API.

解答 B、D

解析 網站流量分析人員可直接於報表介面（Reporting Interface，亦即登入GA網站後所看到的畫面）觀看由於GA整理成各式報表的流量資料，或是透過GA所提供的API（Application Programming Interface，應用程式介面），向GA的伺服器撈取原始流量資料，再自行做後續的分析與應用，故答案為B與D。A只能對流量分析的帳戶進行設定，如修改帳戶名稱、新增使用者權限等。C的SDK（Software Development Kit，軟體開發工具組）則是用於編寫程式與開發軟體的工具，與獲取流量資料並無直接的關係，故不正確。

Q82 **True or False: If the data for a report you request is stored in a standard aggregate table, it will never be sampled in Google Analytics.**

(A) True.

(B) False.

解答 **A**

解析 所謂的取樣（Sampling）是指透過分析資料的其中一部分，便能推知整體資料的趨勢，亦即見微知著。取樣能夠加快報表處理的速度，避免因為資料量過大，或是計算的程序過於複雜，而讓拉長了呈現報表結果的時間。若在GA中使用的是預設的標準報表並不需要透過取樣，會需要取樣的通常是在自訂報表以及自訂維度的情況下，因此答案為選項(A)正確。

Chapter **3** GA百問

本章說明

在 GA 百問章節中，收錄許多人在學習 GA 過程中曾遇到之問題和易混淆的名詞與功能，除了讓一般考生能夠釐清與驗收前兩章節所學之成果，亦是設計給企業中的人資部門，以減少企業因缺乏 GA 相關人才而無從判斷求職者專業度的窘境。此章節中分為基礎題、進階題與問答題，企業可依需求從中挑選題目對求職者進行測試，而一般考生亦可藉此考驗其對於 GA 的熟悉程度。

基礎題

Q1 以下哪些為使用Google Analytics的優點？

(A) 管理者可以建立客製化的報表。

(B) 可與多項Google的服務進行整合，如：AdWords、Google Tag manager等。

(C) 使用上完全免費。

(D) 以上皆是。

解答 **D**

解析 上述選項皆為GA之優點，其中選項(B)強大的產品整合能力，對於有使用Google相關服務的管理者是非常便利的功能，而目前GA也是大企業中使用比率最高的網站流量分析工具。

Q2 將GATC嵌入網頁後，下列何者能用來馬上確認該追蹤碼已成功運作？

(A) 於瀏覽器中打開該網頁，並於任一報表中觀看是否有流量。

(B) 於瀏覽器中打開該網頁，並於即時報表中觀看是否有流量。

(C) 在網頁中按右鍵，點選「檢視網頁原始碼」，確認GATC已位於程式碼中。

(D) 以上皆是。

解答 **B**

解析 若GATC已順利運行，其所側錄之流量便會成功被擷取並顯示於GA報表之中，然而題目提及「馬上」一詞，唯有透過即時報表才能立即得知當下的流量是否已被側錄，其餘報表則會在 24 小時內顯示出流量，且確切的時間點無從得知。而選項(C)僅能知悉 GATC 有被植入於程式碼之中，而植入的位置與內容可能有誤，因此無從得知流量側錄行為是否成功，故此題答案應選擇選項(B)。

Q3 網站中的流量數據最晚會在何時顯示於 GA 報表中（即時報表除外）？

(A) 15 小時內。

(B) 24 小時內。

(C) 1 小時內。

(D) 30 分鐘內。

解答 B

解析 承 GA 百問第 2 題解析，除即時報表會立即顯示當下的即時流量數據外，其餘報表之數據會在 24 小時內呈現於報表中。

Q4 下列哪個選項為正確嵌入 GATC 的方式？

(A) 只要將 GATC 嵌於網站的首頁即可。

(B) 需將 GATC 嵌於網站的每一頁網頁之中。

(C) 若網站具有電子商務功能，只要將 GATC 嵌於交易完成的頁面即可，其他類型網站則需嵌於每頁網頁之中。

(D) 若網站具有電子商務功能，需將 GATC 嵌於網站的每一頁網頁之中，其他類型網站則只要嵌於網站的首頁。

解答 B

解析 不論欲追蹤之網站屬於何種類型，該網站之每一頁網頁都要確實嵌入 GATC，以避免遺漏珍貴的流量資料。

Q5 下列哪個狀況會影響 GA 流量的準確度？

(A) GATC 位置錯誤。

(B) 未依照網站特性調整「工作階段逾時」。

(C) 某幾頁網頁漏嵌 GATC。

(D) 多人共用同一台電腦。

(E) 以上皆是。

解答 **E**

解析 選項(A)、(C)的GATC植入位置錯誤或漏嵌，皆可能造成某部份流量資料遺失。而選項(B)，GA預設之工作階段時長為30分鐘，一旦工作階段逾時，GA會將造訪行為記錄成新的工作階段，若將設定之工作階段逾時與訪客平均瀏覽時間差異過大，會導致 GA 在評斷工作階段、瀏覽量與平均工作階段時間長度等數據上失準。選項(D)，在沒有清除已存cookies的情況下，GA會將同一個裝置的使用者視為同一訪客，因此多人共用一台電腦，會造成 GA 在判斷新訪客、回訪客等資訊時失準。

Q6 以下哪個選項為 GA 無法蒐集的資訊？

(A) 興趣。

(B) 作業系統。

(C) 行動裝置型號。

(D) 網路商店收益。

(E) 以上資訊皆可透過GA蒐集。

解答 **E**

解析 此題目的在於測試考生對於GA報表內容的熟悉程度。選項(A)，訪客之興趣資料位於「目標對象 > 興趣 > 總覽」報表之中。選項 (B)，作業系統可由「目標對象 > 技術 > 瀏覽器和作業系統」報表中得知。選項(C)，訪客所使用之行動裝置型號位於「目標對象 > 行動 > 裝置」報表中。而選項 (D) 網路商店收益，可由「轉換 > 電子商務 > 總覽」報表中得知。

Q7 以下哪個選項為訪客「跳出」行為的最佳解釋？

(A) 訪客停留未達五分鐘即離站。

(B) 訪客從進站的網頁離站。

(C) 訪客進站後未瀏覽其他網頁，也未與網頁產生其他互動即離站。

(D) 訪客離站之行為即為跳出。

解答 **C**

解析 訪客進入到達網頁(Landing page)之後，沒有與網頁顫聲其他互動，也沒有連結到其他網頁，就從到達網頁離站的行為稱為「跳出」(Bounce)，因此答案為選項 (C)。此題陷阱為選項 (B)，訪客在瀏覽多張網頁之後，亦有可能回到原始進站之網頁再離站，不符合跳出之定義。

Q8 是非題：訪客產生跳出行為時，該工作階段中的到達網頁必定與離開網頁為同一頁面

(A) 是：訪客進站後未瀏覽其他網頁即離站的行為才能稱為跳出，因此到達網頁與離開網頁為同一頁面。

(B) 否：不是每次跳出時，離開網頁都會與到達網頁相同。

解答 **A**

解析 由第7題解析可得知跳出之定義，「跳出」表示訪客進站後未與網站產生任何互動即離站，因此「跳出」行為發生時，訪客必定是由其到達網頁離站，答案為選項 (A)。

Q9 是非題：離開率為該網頁被跳出之比率

(A) 是。

(B) 否。

解答 **B**

解析 在 GA 中，離開率與跳出率是兩種不同的網頁衡量指標，兩者有各自的定義，離開率又稱為離開百分比（% Exit），是該網頁成為工作階段中「最後一張」網頁的比率；跳出率（Bounce Rate），是工作階段中僅包含一張網頁的比率，因此答案為選項 (B)，此兩者極易混淆，考生在應試時需特別注意。 關於離開率與跳出率之詳細計算方式可參考 GA 百問題組題第四大題。

Q10　Google Analytics 可以分辨出哪些裝置的訪客？

(A) 手機（mobile）、平板（tablet）、桌上型電腦（desktop）、筆記型電腦（notebook）。

(B) 手機（mobile）、平板（tablet）、桌上型電腦（desktop）。

(C) 手機（mobile）、桌上型電腦（desktop）。

(D) GA 無法分辨訪客所使用的裝置。

解答 B

解析 目前 GA 僅能分辨手機、平板、桌上型電腦，顯示方式如圖 3-1 之報表。其中，筆記型電腦會被計算於 desktop（桌上型電腦）中，因此答案為選項(B)。

裝置類別	客戶開發			行為		
	工作階段 ↓	% 新工作階段	新使用者	跳出率	單次工作階段頁數	平均工作階段時間長度
	69,303 % 總計: 100.00% (69,303)	77.20% 資料檢視平均值: 77.15% (0.06%)	53,503 % 總計: 100.06% (53,470)	85.06% 資料檢視平均值: 85.06% (0.00%)	1.41 資料檢視平均值: 1.41 (0.00%)	00:01:08 資料檢視平均值: 00:01:08 (0.00%)
1.　desktop	33,383 (48.17%)	72.38%	24,163 (45.16%)	81.11%	1.60	00:01:33
2.　mobile	33,366 (48.15%)	82.15%	27,409 (51.23%)	89.17%	1.22	00:00:44
3.　tablet	2,554 (3.69%)	75.61%	1,931 (3.61%)	83.09%	1.38	00:01:11

◇ 圖 3-1

Q11　Google Analytics 所預設的工作階段逾時長度為何？

(A) 15 分鐘。

(B) 30 分鐘。

(C) 35 分鐘。

(D) 60 分鐘。

解答 B

解析 Google Analytics 所預設之工作階段逾時長度為 30 分鐘，若訪客閒置超過 30 分鐘，該工作階段則會結束。

Q12 下列哪種情況下，會導致 **GA** 無法正常側錄該訪客之網站造訪行為？

(A) 訪客使用行動裝置瀏覽網站。

(B) 訪客未登入 Google 帳號。

(C) 訪客電腦的瀏覽器外掛阻擋 cookies 之存取 。

(D) 以上皆正確。

解答 **C**

解析 GA 是透過網站發出的 cookies 來記錄訪客造訪行為，若訪客的瀏覽器阻擋存取 cookies，會導致 GA 無法正常追蹤網站流量，因此與訪客使用何種裝置瀏覽網站或是登入 Google 帳號與否並無相關。

Q13 想要依個人需求掌握 **GA** 的流量變化，可以使用下列哪個工具？

(A) 自訂目標。

(B) 自訂定義。

(C) 自訂管道分組。

(D) 自訂快訊。

解答 **D**

解析 情報快訊活動（Intelligence Events）中分為自動快訊與自訂快訊，GA 認為流量發生重大變化時，會透過自動快訊告知管理員，而管理員亦可使用自訂快訊依照個人需求設定欲在什麼情況下收到通知，如此一來，即使沒有隨時觀看 GA 報表，也能掌握網站的流量變化。

Q14 下列何者能夠直接將 **GATC** 嵌入網站中？

(A) 具有 GA 報表檢視與編輯權限的網路行銷專員。

(B) 負責營運業績的電子商務部門主管。

(C) 具有網站程式碼編輯權限的資訊工程師。

(D) 會檢視網站原始碼的訪客。

解答 **C**

解析 唯有獲得網站程式碼編輯權限，才能將GATC嵌入網站中,故即使是電子商務的部門主管也與網路行銷專員一樣,須拜託具有網站編輯權限的資訊工程師才能將 GATC 埋入網站之中,更何況是僅能檢視原始碼的訪客了。此題須注意的是,只要擁有程式碼修改權限,且了解如何埋入GATC者,就算並非資訊工程師,也可將 GATC 植入網站中,取得該網站的流量分析資料,因此各公司管理者需特別注意,妥善管理自家網站之程式碼修改權限,避免有心人士擅自取得網站流量分析資料。

Q15　關於來源與媒介之定義，下列何者正確？

(A) 來源（Source）是指引導訪客進站的網址，媒介（Medium）則是指訪客進站時所使用的載體。

(B) 來源（Source）是指訪客進站時所使用的載體，媒介（Medium）則是指引導訪客進站的網址。

(C) 來源（Source）是指引導訪客進站的網址，媒介（Medium）則是指訪客進站時所使用的裝置。

(D) 來源（Source）是指指訪客進站時所使用的裝置，媒介（Sedium）則是指引導訪客進站的網址。

解答 A

解析 選項(A)即為來源與媒介之定義。在此單由名詞判斷，讀者可能會對「載體」以及「裝置」這兩者感到困惑，所謂載體是指流量來源的類別，例如：隨機搜尋、參照連結網址、點擊付費搜尋廣告等；而裝置則代表訪客用來上網造訪網站的實體器具，如：智慧型手機、平板電腦、桌上型電腦等。

Q16　以下關於來源與媒介之敘述，何者正確？

(A) 訪客透過點擊「我的最愛」書籤或直接輸入網址進站時，來源皆會顯示為直接（Direct）。

(B) 訪客透過Google的隨機搜尋結果進站時，來源/媒介會顯示為google/referral。

(C) 訪客點擊Facebook中的貼文連結進站時，來源/媒介會顯示為facebook.com/organic。

(D) 以上皆是。

解答 **A**

解析 直接輸入網址進站，包含點選「我的最愛」與常用連結（如圖3-2紅色框線處），這三種狀況下來源都會顯示為直接（Direct）。隨機搜尋（Organic）又稱為自然搜尋，指的是訪客透過搜尋引擎的自然搜尋結果進站，而推薦連結（Referral）則代表訪客透過其他網站上的連結進站，因此選項(B)應改為google/organic，同樣地，選項(C)改為facebook.com/referral才會正確。

◇ 圖 3-2

Q17 下列關於管道（Channel）之敘述，何者錯誤？

(A) 隨機搜尋（Organic Search）是指由搜尋引擎之自然搜尋結果所帶入的流量。

(B) Facebook粉絲專頁所帶入的流量會被標示為多媒體廣告（Display）。

(C) 由電子報所帶入的流量，其管道會顯示為電子郵件（Email）。

(D) 點選我的最愛進站之流量，管道會顯示為直接（Direct）。

解答 **B**

解析 選項(B)由Facebook粉絲專頁所帶入的流量會被標示為社交網路（Social Network），不會被標示為廣告，因此答案為選項(B)。

Q18 **關於維度（Dimensions）與指標（Metrics）之敘述，何者正確？**

(A) 指標為類別型資料屬性。

(B) 維度為類別型資料屬性。

(C) 指標在 GA 報表中會以綠色顯示。

(D) 維度在 GA 報表中會以藍色顯示。

解答 **B**

解析 在報表之中，用於類別型資料並以綠色呈現的屬性稱為「維度」，例如地區資料以國名如臺灣、美國、日本來呈現，而數量型資料則透過藍色的「指標」表示，如跳出率 56.8%、瀏覽量為 1356 等。維度與指標為組成網站流量分析報表的基本元素，在交叉比對分析資料時相當重要。

Q19 **下列何者正確？**

(A) 指標：語言、裝置、性別。

(B) 維度：目標價值、跳出率、瀏覽量。

(C) 指標：新使用者、平均工作階段時間長度、轉換率。

(D) 維度：來源、作業系統、新工作階段。

解答 **C**

解析 選項 (A) 屬於維度，而選項 (B)、選項 (C)、選項 (D) 皆屬於指標，因此正確答案為選項 (C)。應特別注意的是，選項 (C) 中的新使用者 (New Users) 是指客戶開發報表中用於顯示選定日期範圍內只有一次造訪的使用者人數，與使用者類型中的新訪客 (New Visitor) 不同。

Q20 **GA 是如何分辨回訪者與新訪客？**

(A) 透過 UTM 參數。

(B) 透過 gclid 參數。

(C) 透過持續性 cookies。

(D) 以上皆非。

解答 **C**

解析 含有時間戳記的持續性 cookies 會在訪客初次進站時被發送至訪客所使用的裝置中，存續時間長達兩年，可用以判斷訪客是否曾經造訪過該網站。

Q21 下列何種狀況下，客層報表會無法顯示資料？

(A) 沒有手動啟用「客層和興趣報表」。

(B) 流量資料不足。

(C) GATC 有誤。

(D) 以上皆是。

解答 **D**

解析 客層報表不同於一般報表，需要於「管理」頁面的「資源 > 資源設定」中手動開啟「客層和興趣報表」功能才能使用，此外，若流量不足，GA 會因為隱私權問題而將流量資料隱藏，因此選項 (A)、(B) 正確，而選項 (C) GATC 有誤則會造成所有報表都無法顯示資料，亦包含客層報表，此題答案為選項 (D)。

Q22 下列何者並非 Google Analytics 用來得知訪客之客層與興趣的評斷依據？

(A) 使用者的 Google 帳戶個人資料。

(B) 使用者曾經瀏覽過的網站。

(C) 使用者線上購物時所填寫之信用卡資料。

(D) 以上皆是。

解答 **C**

解析 信用卡資料屬於用戶的重要隱私資料，Google Analytics 不會蒐集也不會從中擷取任何資訊來判斷訪客之興趣，因此答案為選項(C)，而選項 (A)、(B)皆為 GA 判斷客層與興趣之依據。

Q23 由以下哪個報表可以得知訪客從進站至離站的完整瀏覽歷程？

(A) 目標流程。

(B) 樹狀圖。

(C) 使用者流程。

(D) 事件流程。

解答 **C**

解析 使用者流程報表是依據訪客由進站至離站的瀏覽路徑以及各個路徑的流量大小所繪製而成示意圖（可參考圖3-3），而目標流程報表則是以欲完成之目標與過程中所經歷的步驟而構成，故本題答案應為選項 (C)。

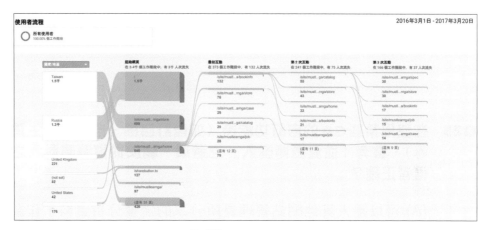

◇ 圖 3-3

Q24 關於速度建議（**Speed Suggestions**）報表之敘述，下列何者正確？

(A) 報表中的 PageSpeed 分數，分數愈高表示網頁須修改之處愈多。

(B) PageSpeed 建議會提供具體建議來協助縮短網頁載入時間。

(C) 此報表僅能提供關於電腦版網頁之速度建議，行動版網頁則無法。

(D) 以上選項皆正確。

解答 **B**

解析 速度建議報表可協助管理者得知各網頁的平均載入時間，並可查看GA所提供之速度建議內容,有助於縮短網頁的載入時間,選項 (B) 正確。而選項 (A)，分數愈低才是表示網頁須修改之處愈多，選項 (C)，此報表同時提供行動版與電腦版網頁之建議，方便管理者對網頁進行優化。關於速度建議報表之呈現可考圖3-4。

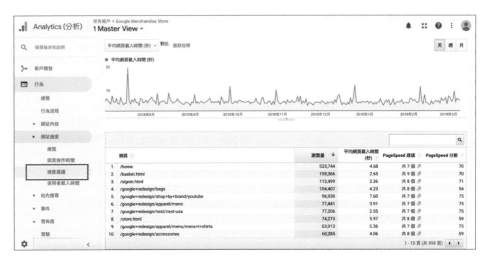

◇ 圖 3-4

Q25 在使用某些**GA**的自訂功能時（如自訂目標、自訂資訊主頁與自訂區隔等），會有「從資源庫匯入」之選項，關於從資源庫匯入之資料，下列何者正確？

(A) 可以匯入其他網站管理員所分享的流量分析資料，作為分析時之參考。

(B) 僅能匯入報表之設定或模板，無法得知流量分析資料。

(C) 分享者分享資訊時可選擇要分享模板或是流量分析資料。

解答 B

解析 共用任何GA當中的資產時，不會公開該帳戶的個人資訊或任何流量資料，故當管理者由解決方案資料庫匯入他人共用之資產時，只有範本會匯入，並不包含流量資料（如圖3-5所示），因此此題答案為選項(B)。

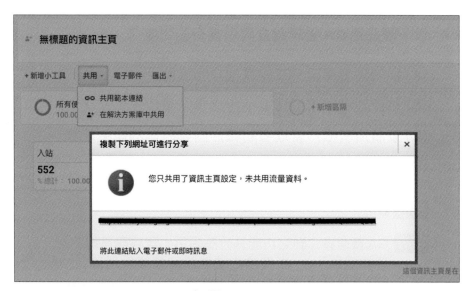

◇ 圖 3-5

Q26 是非題：建立 GA 帳戶後會得到一組專屬的追蹤編號與 GATC，需妥善保存與備份。

(A) 是：每組追蹤編號與 GATC 皆為獨一無二的，若未妥善保存與備份，遺失後則須重新申請。

(B) 否：追蹤編號與 GATC 可隨時於帳戶中存取，不需另行備份。

解答 **B**

解析 網站管理員建立 GA 帳戶後，會得到一組該網站專屬的追蹤編號（圖 3-6藍框處）與 GATC（圖3-6紅框處），而該組追蹤編號與 GATC 可隨時於對應之 GA 帳戶中取得，位於「管理員」中的「資源 > 追蹤資訊 > 追蹤程式碼」。

◇ 圖 3-6

Q27　以下哪些是GA管理員介面所擁有的功能？

(A) 將管理者權限分享給其他Gmail用戶。

(B) 依管理者需求選擇欲使用之貨幣單位。

(C) 查看所有帳戶管理者對帳戶內容所做的變更紀錄。

(D) 以上皆是。

解答 **D**

解析 GA管理員介面之功能共分為帳戶、資料與資料檢視三個層級（如圖3-7
紅框處所示），所包含之功能設定繁複且瑣碎,此題考驗考生對於管理
GA各種功能的熟悉程度，選項之功能皆為管理者可透過 GA 完成之內
容。

◇ 圖 3-7

**Q28　是非題：GA將轉換（Conversion）定義為訪客在網站上購買商品，
成功從訪客轉變為顧客的行為**

(A) 是：只有當訪客進行結帳完成購買後才能稱作轉換。

(B) 否：管理者可於GA中自訂目標，當訪客完成管理者所設定之任一
目標後，便能稱為轉換。

解答 **B**

解析 並非所有網站都具有電子商務功能，在GA中，管理者可以將其認為對網站有所貢獻之行為設定為目標，例如：單次瀏覽頁數達到三頁以上、觀看產品介紹影片、註冊成為會員等，當訪客達成目標後即完成轉換行為。

Q29 是非題：目標流程報表以圖表的方式呈現訪客達成目標轉換的所經路徑

(A) 是。

(B) 否。

解答 **A**

解析 題目所述即為目標流程報表的功能，圖3-8即為目標流程報表之呈現，達成目標的過程中可能會經歷複雜的瀏覽行為，管理者可由圖表中審視轉換路徑中的哪一個環節是造成訪客轉換率過低的主要瓶頸。 圖3-8藍框內的每個綠色方塊都表示一張網頁，綠色方塊間的連線則顯示訪客的瀏覽歷程，連線的粗細表示流量的大小，而在放大的圖3-9中，藍框所標示的紅色色塊為從該網頁所流失的流量。

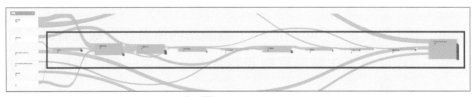

◇ 圖 3-8

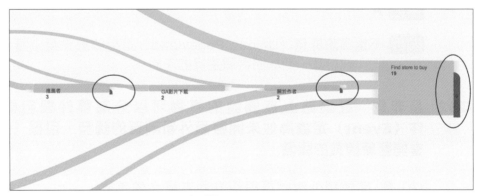

◇ 圖 3-9

Q30　關於GA目標轉換之敘述何者正確？

(A) 轉換是指訪客在網站中完成購買的行為。

(B) 只有具電子商務功能之網站才會有轉換資料。

(C) 未設定目標前，轉換報表中不會有資料。

(D) 以上皆是。

解答 **C**

解析 轉換為訪客在網站中完成管理者所設目標之行為，管理者可將對網站有益之行為設定為目標，例如註冊為會員、訂閱電子報等，並非只有購買行為能夠訂定為目標，因此此題答案為選項(C)，目標需由管理者自行設定，否則不會有轉換資料出現於流量報表中。

Q31　關於GA中常見名詞之敘述，何者錯誤？

(A) 不重複網頁瀏覽量指的是網頁被不重複訪客所瀏覽的次數。

(B) 使用者（Users）又可以稱為不重複訪客。

(C) 瀏覽量（Pageviews）為網站內所有網頁被查看的次數總和。

(D) 單次工作階段頁數是指訪客平均在一個工作階段中瀏覽的網頁頁數。

解答 **A**

解析 不重複瀏覽量（Unique Pageviews）是指該網頁至少獲得一次瀏覽的工作階段數，而非訪客所瀏覽的次數。

Q32　是非題：在網站上被觸發的事物可以分為事件與目標，GA將事件（Event）定義為並未開啟額外新網頁的觸發，目標（Goal）則是會開啟新網頁的觸發。

(A) 是：開啟額外新網頁與否為兩者最大的差異。

(B) 否：題目敘述相反，目標為不會開啟額外新網頁的觸發，事件則為會開啟新網頁的觸發。

解答 **A**

解析 題目之敘述即為事件與目標的定義，此題考驗考生對於事件與目標的熟
悉程度，對其定義應有一定程度瞭解，才不會在日後做設定時感到窒礙
難行。

Q33 關於目標之敘述，下列何者錯誤？

(A) 自訂目標共分為四種類型，目標網址、時間長度、單次工作階段頁
數/畫面數、事件。

(B) 在免費的GA帳戶中，一個資料檢視下最多可以設定20個目標。

(C) 目標分析屬於GA之預設功能，不需額外設定即可使用。

(D) 設定目標價值讓可以讓管理者計算該目標所帶來的金錢價值。

解答 C

解析 選項(A)、(B)、(D)皆為目標的正確敘述，而選項(C)，目標分析並非
GA的預設功能，在管理者尚未設定任何目標之前，無法使用此功能，
轉換報表亦不會有任何資料。

Q34 在需比對多個流量資料的情況中，下列哪一個工具不適用？

(A) 區隔

(B) 次要維度

(C) 篩選器

(D) 以上三種工具皆可協助管理者比對多個流量資料

解答 C

解析 篩選器可以用來排除或僅納入某部分的流量資料，但卻無法將已存的資
料進行分類，而新增區隔或是加入次要維度、指標等，都可以協助管理
者比對多個不同的流量資料，因此答案為選項(C)。

◤ 進階題

Q35　下列何者並非造成高跳出率的可能因素？

(A) 整個網站中的重要資訊放置於該網頁中，訪客在該網頁中達成其目的即離站。

(B) 網頁發生錯誤，訪客無法正常瀏覽。

(C) 網頁中所販售之商品正在大促銷，訪客迅速結帳完即離站。

(D) 以上皆非。

解答 **C**

解析 選項(A)可能發生於知識型網頁，該網頁所提供之資訊已足以解決訪客之疑惑或達成其造訪目的，故多數訪客會由該網頁離站，此一行為即會造成高跳出率。網頁若發生錯誤會導致訪客直接將網頁視窗關閉，亦會造成高跳出率，因此選項(B)正確。選項(C)所提及的結帳行為會將訪客從原本進站之網頁帶至後續進行之網頁，並不會有跳出網站的情形，故答案為選項(C)。

Q36　請問GA可以用來追蹤Facebook粉絲專頁的流量嗎？

(A) 不行：一般使用者並不具有FB粉專的程式碼修改權限，因此無法嵌入GATC進行流量側錄行為。

(B) 可以：藉由Facebook的應用程式「Static HTML」可追蹤粉絲專頁部份頁面的訪客造訪行為。

(C) 可以：向Facebook申請GA專用程式碼後，即可使用GA追蹤。

(D) 不行：Facebook不支援所有Google提供之服務。

解答 **B**

解析 Facebook並無提供修改網站程式碼之權限給使用者，但可以使用Facebook的應用程式「Static HTML」來將GATC嵌入粉絲專頁中，但這樣的方式會有一些限制，僅能側錄到由該應用程式所新增之頁籤的流量，因此頁籤十分適合用來放置粉專的促銷活動與重要訊息，同時透過GA追蹤訪客點進頁籤後行為資料。

Q37 是非題：**GA 不能用來追蹤 Facebook 個人塗鴉牆**

(A) 是：GA 目前只能用來追蹤粉絲專頁。

(B) 否：使用 Facebook 的應用程式「Static HTML」，即可用來追蹤粉絲專頁及個人塗鴉牆。

解答 **A**

解析 目前並無方式可以追蹤 Facebook 之個人塗鴉牆，因此答案為選項 (A)。

Q38 使用篩選器要注意哪些事情？

(A) 有多個篩選器時，會依照排序對流量做篩選。

(B) 篩選器是從所有流量資料中抓取出特定資料，移除後流量會回復為原狀。

(C) 無法於即時報表中使用篩選器。

(D) 以上皆是。

解答 **A**

解析 選項 (B)、(C) 都為區隔 (Segments) 之特色，而非篩選器 (Filter)，篩選器並非附加在各個報表之中，而是在管理員介面的資料檢視層級中進行設定，篩選器可以將不需要的流量完全排除，只納入特定的流量，然而此排除行為屬於不可逆動作，一旦排除就無法再復原。

Q39 下列哪些選項可以透過篩選器來完成？

(A) 僅包含來自特定國家的流量。

(B) 排除來自特定 IP 位址的流量。

(C) 建立僅含特定子目錄流量的資料檢視。

(D) 以上皆是。

解答 **D**

解析 選項(B)、(C)使用GA預先定義之篩選器即可完成，而選項(A)則需由管理者自行設定篩選器，另一方面，篩選器的流量篩選動作可分為「排除」與「僅包含」兩種，管理者可依個人需求選擇。

Q40 關於篩選器與區隔之敘述，何者正確？

(A) Google 建議需保留一個未使用任何篩選器的資料檢視。

(B) 篩選器是將已蒐集到的流量資料加以分類處理。

(C) 區隔是預先設定好各種類別，使得蒐集流量時能夠將資料自動區分至所屬類別，因此屬於無法復原的設定動作。

(D) 以上皆是。

解答 **A**

解析 保留一個不使用任何篩選器的資料檢視，能確保最完整的流量資料得以被保存，藉此避免發生篩選器設定錯誤或欲回溯過去流量，卻無力挽回之窘境。選項(B)之敘述屬區隔之特性而非篩選器，而GA中並無選項(C)之功能，因此答案為選項(A)。

Q41 下列哪種情況下應使用篩選器？

(A) 比較來自不同國家的流量資料。

(B) 公司內部團隊管理網站時需經常瀏覽自家網站，但卻造成流量失真

(C) 比較行動裝置與非行動裝置之流量。

(D) 以上皆是。

解答 **B**

解析 選項(B)的情況下，可以使用篩選器排除來自網路管理員IP位址的流量，而選項(A)、(C)欲比較不同類別的流量資料，則應使用區隔。

Q42 關於資料檢視之敘述，下列何者錯誤？

(A) 一個資源底下最多可以建立25個資料檢視。

(B) 在帳戶中加入資源後，GA會自動為該資源建立資料檢視。

(C) 成功建立資料檢視後，該資料檢視中的報表資料會從建立當天開始，不會有建立前的資料。

(D) 資料檢視被刪除後就會立刻永久消失。

解答 D

解析 在GA管理員的帳戶層級底下有個「垃圾桶」的功能（如圖3-10所示），被刪除的帳戶、資源以及資料檢視都會在垃圾桶中留存 35 天，在此期間內皆可復原，一旦過了之後就會被永久刪除，因此選項 (D) 錯誤，其他選項皆為正確的描述。

◇ 圖3-10

Q43 下列哪種情況下適合使用網址產生器（URL builder）？

(A) Facebook粉絲專頁上同時有多個不同的促銷廣告。

(B) 頻繁寄送電子報給消費者。

(C) 公司與許多部落客合作推廣產品。

(D) 以上皆是。

解答 D

解析 網址產生器可以製作帶有追蹤參數的網址，來追蹤特定管道的流量。選項(A)，當訪客由Facebook上連結進站時，來源都會顯示為 facebook.com，但管理員並無法區分是從哪則貼文或是廣告中連結進站，此時適合用網址產生器來將流量作區別。選項 (B)，頻繁寄送電子報給消費者時，消費者不一定會馬上開信，許多封電子報中，可能只有幾封成功吸引消費者開信，因此可以使用網址產生器區隔來自不同電子報的流量。選項 (C)，由部落客推薦進站的訪客，來源 / 媒介會顯示為「該部落格之網址 /referral」，因此與許多部落客合作時，也可利用網址產生器來對個別的流量進行分析，以得知廣告的成效。

Q44 是非題：現在網紅（網路紅人）直播、部落格行銷盛行，常有高額收費之狀況傳出，此時網址產生器便能協助商家評估成效，藉以判斷是否要繼續與該部落客合作。

(A) 是：網址產生器能夠產生帶有追蹤參數的網址，將該網址放入業配文或部落格文章中供訪客點擊，如此一來，就能明確得知哪些訪客是由該行銷活動所帶入，並評估該行銷活動之成效 。

(B) 否：從「來源」報表即可評估來自不同來源流量的行銷成效，不需特地使用網址產生器。

解答 A

解析 「來源」報表僅會顯示訪客是被哪個外部網站推薦進站，此舉會造成行銷從業人員無法評估同一個網站中不同行銷活動的成效，例如所有從Facebook 中連結進站的訪客，來源皆會顯示為「facebook.com」，卻無法從中分辨是由網美的文章或是自身粉絲專頁連結進站，因此，需透過網址產生器才能清楚區分流量源自何種行銷活動，因此此題答案為選項 (A)。

Q45 是非題：只有**AdWords**廣告可以使用自動標記功能

(A) 是，除了 AdWords 廣告外，都需使用網址產生器手動標記才能進行追蹤。

(B) 否，只要是付費廣告，都能使用自動標記功能。

解答 A

解析 Google具有完善的產品整合服務，而自動標記能夠將所有投放於 AdWords中的廣告資料都自動匯入Google Analytics，因此僅有 AdWords廣告可以使用此功能，其他廣告則無法，故此題答案為選項 (A)。

Q46　下列何者並非網址產生器能夠追蹤的廣告類型？

(A) 付費關鍵字廣告。

(B) Email電子報促銷廣告。

(C) 於Facebook粉絲專頁貼文之促銷連結。

(D) 以上皆能由網址產生器進行追蹤。

解答 **D**

解析 網址產生器可以生成帶有追蹤參數的新網址，只要廣告活動中有目標網站的網址供訪客點擊，就能夠使用網址產生器來追蹤，因此以上選項都能使用網址產生器進行手動標記追蹤，答案為選項(D)。

Q47　是非題：手動標記與自動標記能夠追蹤到的流量資料類型一樣多

(A) 是：手動標記與自動標記能夠追蹤的流量資料類型相同。

(B) 否：使用手動標記時，只能得到下列維度資料：廣告活動名稱、來源、媒介、內容、關鍵字，自動標記則能得到更多資料。

解答 **B**

解析 除了手動標記同樣能獲取的資料外，自動標記還能得到最終到達網址、廣告格式、廣告群組等資料，除此之外，在時段、刊登位置、關鍵字排名等報表中，自動標記也能得到比手動標記更為詳盡的資訊。

Q48　是非題：將同一廣告放置於兩個不同管道宣傳的情況下，適合用網址產生器分別進行追蹤

(A) 是：網址產生器可以讓不同管道中的廣告在GA中個別顯示，方便管理者比較兩個管道的行銷活動成效。

(B) 否：同時使用網址產生器追蹤同一廣告會造成流量資料的混淆，不利於日後分析。

解答 **A**

解析 使用網址產生器追蹤的廣告，都會顯示於「客戶開發 > 廣告活動 > 所有廣告活動」中，管理者可依需求進行比對分析。

Q49 關於轉換耗時（Time Lag）之敘述，何者錯誤？

(A) 定義為訪客與網站首次互動到完成轉換所耗費的時間。

(B) 以「天數」為計算單位。

(C) 轉換耗時愈長，對網站的負面影響愈高。

(D) 以上敘述皆錯誤。

解答 **C**

解析 選項(A)、(B)為轉換耗時之定義，而選項(C)錯誤在於，衡量轉換耗時需與轉換價值一同分析，否則將無法斷言其對網站之影響。此題加入分析概念，考驗考生對於數據是否有過於先入為主之看法，擁有此心態之分析易趨於狹隘。

Q50 欲得知在整個網頁中，訪客對各個按鈕點擊之情況，可使用下列哪個功能？

(A) 行為流程。

(B) 同類群組分析。

(C) 事件追蹤。

(D) 網頁活動分析。

解答 **D**

解析 網頁活動分析會以網頁畫面為背景，詳細標示網頁上各按鈕的點擊情形，並且以點擊率或是顏色來辨別熱門與冷門之按鈕。

Q51 下列何者並非 GA 擁有之功能？

(A) 得知訪客在網站中搜尋的字詞。

(B) 取得將商品放入購物車卻未結帳之特定訪客名單。

(C) 獲得訪客地址並寄送廣告 DM。

(D) 找出網頁中的熱點（最吸引訪客之按鈕）。

解答 **C**

解析 選項(A)可透過「站內搜尋」報表得知。選項(B)透過建立「再行銷」目標對象，可將廣告發送給特定訪客。選項(D)管理者可利用「網頁活動分析」報表，來得知網站中的熱點與各按鈕之點擊率。選項(C)中提及的地址屬於訪客之隱私資料，管理者無法透過GA蒐集，因此選項(C)錯誤。

Q52 關於功勞歸屬模式之敘述，何者正確？

(A) 根據排名模式：將所有的轉換價值都歸功於轉換前的最終互動環節。

(B) 線性模式：將轉換價值平均分配給每一個轉換前曾經互動過的環節。

(C) 時間衰減模式：將所有的轉換價值都歸功於訪客與網站互動的第一個環節。

(D) 以上皆是。

解答 **B**

解析 選項(A)之敘述為最終互動模式，而選項(C)為最初互動模式，因此答案為選項(B)。

Q53 是非題：管理者可由功勞歸屬分析之結果，來判斷未來應將資金投放至何種行銷管道之中

(A) 是：GA所提供之功勞歸屬（Attribution）分析，是依照不同的功勞歸屬模式來分配轉換價值給各個環節，可以協助管理者找出貢獻度較大的環節。

(B) 否：功勞歸屬分析僅適用於在五個環節內就完成轉換的訪客，因此對管理者的幫助不大。

解答 **A**

解析 選項(A)所敘述的即為功勞歸屬之功能，但並不具有如同選項(B)中所述之限制，再者，即使環節愈多的轉換因路徑較長，不便於管理者自行分析，但透過功勞歸屬報表即可便利且準確地看出轉換之價值歸屬。

Q54 欲應用 **GA** 數據評估某特定期間之促銷活動成效，下列何者為最準確之方法？

(A) 使用篩選器排除該特定期間外之數據，再由其中之數據作評估。

(B) 將日期範圍設定為該促銷活動之期間，再由其中之數據作評估。

(C) 使用網址產生器手動標記此促銷活動，再由其中之數據作評估。

(D) 以上方法皆不適於評估促銷活動之成效。

解答 **C**

解析 選項(A)、(B)使用特定期間的數據來評估促銷活動成效，但於該促銷期間，並非所有流量皆是被該促銷活動所吸引而來，此法較不準確。而選項(C)使用網址產生器會將該促銷活動所帶入的流量區隔出來，對這些流量進行分析較能準確地評估促銷活動成效。

Q55 是非題：基準化報表可以讓分析者根據其他同業商家所分享的資料，來瞭解自家網站與競爭對手相較之下的表現。

(A) 是：題目敘述即為基準化報表之功能。

(B) 否：基準化報表是採用自身網站的平均數據作為比較基準，其他同業商家的數據並無法取得。

解答 **A**

解析 在基準化報表中，可以選擇產業類別、國家、流量大小，並與流量大小相近的同業資源互相比較，讓管理者在進行分析時能有所基準，此舉將有助於設定有意義的目標，並得以深入分析該產業的成長趨勢。

Q56 以下關於基準化報表的敘述，何者錯誤？

(A) 可使用基準化的維度,包含預設管道分組、地區與裝置。

(B) 使用基準化報表可以參考同業網站的流量資料，但同時自身網站之數據也能供其他人參考，有資料外洩之風險。

(C) 基準化報表可以讓分析者與同業資源進行比較。

(D) 以上答案皆正確。

解答 B

解析 欲啟用基準化功能，需勾選「以匿名方式與 Google 等服務共用」，如此一來，基準資料就能呈現於你的報表之中，你網站中的資料也會以匿名方式提供給他人參考，因此不會有資料外洩之疑慮，此題答案為選項(B)。

Q57 有一訪客進站之後，依序瀏覽了網頁 C、網頁 D、網頁 A，而後在網頁 B 上完成了轉換，請問下列哪些網頁會被 GA 計算為輔助轉換？

(A) 網頁 A。

(B) 網頁 D、網頁 A。

(C) 網頁 C、網頁 D、網頁 A。

(D) 網頁 C、網頁 D、網頁 A、網頁 B。

解答 C

解析 輔助轉換是指「間接」促成轉換的管道，只要該管道曾出現在轉換路徑中，且並非轉換之最終互動，都會被計算為輔助轉換。依照題目的敘述，該訪客的轉換路徑為網頁 C→網頁 D→網頁 A→網頁 B→轉換，因此網頁 C、網頁 D 以及網頁 A 皆會被計算為輔助轉換，故此題答案為選項(C)。

Q58 是非題：在設有事件追蹤的網頁中，若訪客僅瀏覽一張網頁但在該網頁上觸發了事件追蹤，此情況不會被計算為跳出。

(A) 是：事件追蹤會對跳出率產生影響。

(B) 否：因為訪客在連結至其他網頁後離站，所以就算有觸發事件，仍會被計算為跳出。

解答 A

解析 事件追蹤被歸類為互動，一旦訪客觸發了事件追蹤，即是與網頁產生互動，因此不會計算為跳出。需注意的是，此情況之前提為該網頁有設定事件追蹤，若該網頁中有一影片，但管理者未將影片播放設定為一個事件，訪客進站後播放影片再離站，GA 會將之視為跳出。

Q59　下列哪種情況不適合使用事件追蹤？

(A) 欲追蹤會員之註冊狀況時。

(B) 欲比較網頁中兩個按鈕之點擊狀況時。

(C) 欲追蹤網頁上檔案之下載狀況時。

(D) 欲追蹤網頁中影片之觀看狀況時。

解答 **A**

解析 會員註冊會促使網站開啟新頁面，屬於目標而非事件，因此此題答案為選項(A)，其餘選項皆能透過事件追蹤來達成。

Q60　關於Google代碼管理工具（Google Tag Manager）的敘述何者正確？

(A) 管理者可以使用GTM中的偵錯功能，來事先了解代碼和觸發條件是否能正常啟用。

(B) 使用Google代碼管理工具後，就不必直接修改網頁程式碼。

(C) Google代碼管理工具可以讓管理者一鍵將程式碼貼入所有網頁中，不必逐頁嵌入。

(D) 以上皆是。

解答 **D**

解析 Google代碼管理工具是用於協助管理者快速更新與加入程式碼或應用程式代碼，使用Google代碼管理工具後，管理者不需再逐頁修改程式碼，能夠減少錯誤產生。以上選項都為Google代碼管理工具之特色，答案為選項(D)。

Q61　是非題：只有擁有大型網站的企業需要使用Google代碼管理工具，小型網站的網頁數量不多，使用手動嵌入 GATC 較省時

(A) 是：Google代碼管理工具操作複雜，若非因大型網站含有過多網頁，應盡量避免使用。

(B) 否：除了嵌入 GATC 之外，Google 代碼工具還可以協助加入第三方代碼，亦能避免手動嵌入時產生錯誤，不論網站規模大小皆適合使用。

解答 **B**

解析 Google 代碼管理工具提供超過 20 種代碼類型供管理者選擇，並可協助管理已使用之代碼，讓管理者不需要在密密麻麻的程式碼中尋找與修改代碼，設定好帳戶後即能節省許多後續管理維護的時間，因此不論網站規模大小，皆適合使用 Google 代碼管理工具。

Q62 以下關於 Google Tag Manager 之主要功用，何者錯誤？

(A) 不需透過開發人員即可設定代碼。

(B) 能減少手動嵌入時發生人為錯誤之情況。

(C) 操作 Google 代碼管理工具時，不需接觸任何程式碼。

(D) 除了 GATC 外，可協助管理者加入 AdWords 與其他第三方平台之代碼。

解答 **C**

解析 選項 (A)、(B)、(D) 皆為代碼管理工具的特性，而在 Google 代碼管理工具中建立帳戶時，需要在容器中手動嵌入 GTM 的程式碼，此為最後一次管理者需手動嵌入程式碼，未來即可透過 GTM 新增超過 20 種代碼，包含 AdWords 再行銷工具之代碼、Google AdSense 的廣告呼叫程式等，因此選項 (C) 錯誤。

Q63 是非題：若網站不具電子商務功能，就算開啟電子商務報表，也不會顯示任何流量資料

(A) 是：欲追蹤電子商務相關資料時，需將電子商務程式碼嵌於結帳完成之頁面，而沒有電子商務功能的網站，無法完成此項設定，因此不會顯示任何流量資料。

(B) 否：一旦點選開啟電子商務報表，就算網站沒有電子商務功能，也會顯示基本流量，如瀏覽量、工作階段等。

解答 **A**

解析 電子商務報表中，所列皆為電子商務相關之數據，基本數據如瀏覽量與工作階段，於 GA 預設之報表之即可查看，不需額外開啟。此題答案為選項 (A)。

Q64　關於電子商務報表之敘述，何者正確？

(A) 管理者可由報表中得知平均訂單價值。

(B) 電子商務程式碼需置於「購物車」之頁面。

(C) 報表中金額皆以美金計算，管理者須自行換算為各國金額。

(D) 以上皆是。

解答 **A**

解析 選項(A)正確，平均訂單價值可由「轉換 > 電子商務 > 總覽」中查看。而選項(B)，電子商務程式碼需置於「結帳完成」之頁面，如「感謝購買，我們已收到您的訂單」等頁面，而並非置於「購物車」頁面。選項(C)，管理者可依需求隨時變更貨幣單位，由管理員頁面的「資料檢視 > 檢視設定 > 貨幣顯示為」即可進行更改。因此此題答案為選項 (A)。

Q65　下列哪項資訊無法從電子商務報表中得知？

(A) 最受歡迎之產品。

(B) 訪客的單次交易金額。

(C) 訪客使用之信用卡所屬銀行。

(D) 平均訂單價值。

(E) 以上皆可由電子商務報表中得知。

解答 **C**

解析 選項(A)、(B)、(D)皆可從「轉換 > 電子商務 > 總覽」中查看，而選項(C)因屬於訪客的隱私資料，GA 不會收集此項資料，故不會出現在報表之中。

Q66　是非題：GA 中的「實驗」報表（Experiments）可用於比較不同網頁版本的訪客行為差異

(A) 是：管理者可透過實驗報表來找出最佳的網頁版本。

(B) 否：實驗報表是用於查看同一張網頁於不同裝置上的呈現差異，藉此比較不同裝置上的訪客行為。

解答 **A**

解析 網站管理團隊對於網頁上的廣告呈現與設計可能抱持不同意見，此時實
驗報表就能協助管理員進行 A/B test，同時發佈不同的網頁版本，再以
客觀的流量資料來找出最合適的網頁版本，因此此題答案為選項 (A)。

Q67 是非題：「使用者多層檢視」報表是用來彙整使用者行為，方便管理者
分析某特定族群之使用者行為，例如來自美國的使用者行為等。

(A) 是：此報表可以協助管理者了解某特定族群的行為特性，進而為該
族群擬訂行銷策略或改善使用者體驗。

(B) 否：此報表是用來瞭解使用者之個別行為，並能隔離與測試個別使
用者。

解答 **B**

解析 選項(B)之「使用者多層檢視」（User Explorer）報表主要功能在
於「隔離」而非「彙整」資料，在此報表中訪客會以不同的客戶編號呈
現，管理者透過深入查看每個編號，即可得知該使用者的客戶開發管
道、轉換日期、裝置類別以及過去的所有活動紀錄（如圖3-11）。使用
者多層檢視為2016年3月開放之新功能，此題考驗考生對於GA內容更
新之敏感度。

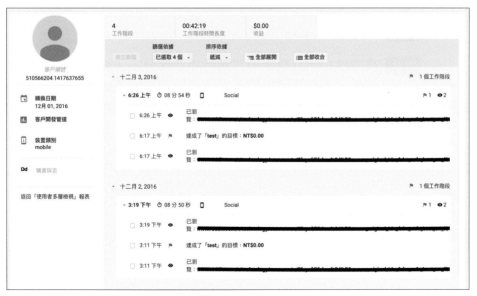

◇ 圖 3-11

Q68 是非題：智慧目標是 GA 透過機器學習演算法，由歷史數據中找出完成轉換可能性較高的一組造訪行為。

(A) 是：管理者可以透過智慧目標找出來自高質量用戶的造訪，並藉此改善 AdWords 成效。

(B) 否：智慧目標指的是 GA 在新增目標（Goal）中預設好的設定組合，如加為最愛、下訂單與媒體播放等。

解答 **A**

解析 題目敘述即為智慧目標之定義，而選項 (B) 所述並非智慧目標，而是 GA 所提供之目標範本。例如單次工作階段頁數、平均工作階段時間長度、地理位置。

Q69 關於智慧目標（Smart Goals）之敘述，何者錯誤？

(A) 需將 GA 與 AdWords 連結，才能使用智慧目標。

(B) 智慧目標可以用來提升 AdWords 之成效。

(C) 與目標相同，管理者可以自訂智慧目標。

(D) 在過去 30 天內，已連結的 AdWords 帳戶必須傳送至少 500 次點擊給 GA 中的資料檢視。

解答 **C**

解析 選項 (A)、(D) 為使用智慧目標的部分先決條件，不符合則無法啟用智慧目標。而智慧目標是透過機器學習來檢查網站中的相關數據，並判斷符合哪些行為組合的造訪較容易完成轉換，智慧目標與一般目標不同之處在於，智慧目標是由 GA 透過歷史數據作出判斷，無法由管理者自訂，故此題答案為選項 (C)。

Q70 **關於User ID之敘述，何者正確？**

(A) 只要將User ID報表開啟，不需變更追蹤程式碼即可使用。

(B) 使用User ID可以讓GA辨識出同一訪客使用不同裝置的造訪狀況。

(C) 開啟User ID功能之後，其資料會出現該帳戶底下的所有資料檢視中。

(D) 有電子商務功能之網站才能使用User ID。

解答 **B**

解析 選項(A)，在帳戶啓用User ID功能後，還必須在GATC中額外加入User ID，選項(C)User ID資料只會出現在專屬於User ID的資料檢視中，而選項(D)GA中並無此規定，只要完成User ID所需之設定即可使用。

Q71 **下列何者並非使用User ID之好處？**

(A) 可以存取特殊的User ID資料檢視與「跨裝置」報表。

(B) 可以針對特定的舊訪客投放廣告。

(C) 分析登入使用者與網站的互動狀況。

(D) 使用者人數的計算將更加準確。

解答 **B**

解析 選項(A)、(C)、(D)皆為使用User ID之好處，其中選項(C)，User ID資料檢視可以分隔出有登入使用者之流量，讓管理者針對這些流量進行分析。而選項(B)針對特定的舊訪客投放廣告，為再行銷之功能，並非User ID。

Q72　下列哪個資料可以從加強型電子商務報表中得知？

(A) 訪客曾經加入至購物車之商品。

(B) 訪客曾經瀏覽過的商品。

(C) 哪些訂單成立後被取消。

(D) 以上皆是。

解答 **D**

解析 加強型電子商務報表為進階的電子商務功能，此題測試考生對於加強型電子商務報表是否具有初步概念，上述選項皆能在加強型電子商務報表中查看，此題答案為選項(D)。

Q73　在具有電子商務功能的網頁中，不乏有訪客在快要完成購買時離開網站，例如將商品加進購物車之後、或是多次瀏覽商品卻始終未購買等，這些情況對公司來說都十分可惜。下列哪個功能可以在訪客猶豫不決時，給予合適之廣告，誘使其完成購買？

(A) 輔助轉換。

(B) 網址產生器。

(C) 再行銷。

(D) 廣告活動。

解答 **C**

解析 再行銷（Remarketing）可以在訪客造訪 Google 多媒體廣告聯播網的合作網站時，發送為其所特製的廣告內容，例如針對將商品加入購物車後卻未完成購買的訪客，發送專屬的優惠訊息，如此一來，廣告便能發揮臨門一腳的效果，誘使訪客完成購買程序。

Q74　關於再行銷分析（Remarketing）之敘述，何者正確？

(A) 需將 GA 與 AdWords 連結後，才能使用再行銷功能。

(B) 再行銷中的「智慧名單」功能，是由 Google 參考同類型之網站的歷史資料後，從中找出網站中較可能完成轉換的訪客。

(C)「資源庫匯入」之功能，讓管理者可以使用他人所分享的再行銷名單。

(D) 以上皆是。

解答 **D**

解析 若要使用再行銷分析功能，需先啟用「再行銷」和「廣告報表功能」，並將 GA 與 AdWords 帳戶連結。而再行銷中最重要的步驟為「設定目標對象」，包含所有使用者、新訪客、回訪客、瀏覽過某部分網頁之訪客等，管理者需從中決定該廣告要發送給符合何種條件之訪客，除此之外，亦可使用 GA 所提供的智慧名單，或由資源庫匯入網友所分享之名單。因此此題答案為選項 (D)。

Q75 社會新鮮人 **Emma** 在逛網拍的過程中，發現一廣告的網址長得跟一般網址不太一樣：

http://www.abcxyz.com/?utm_source=mobile02&utm_medium=CPM&utm_content=60%off&utm_campaign=summersale1210
請問此廣告活動使用了 **GA** 中的哪個功能？

(A) 再行銷。

(B) User ID。

(C) 網址產生器。

(D) AdWords。

解答 **C**

解析 網址產生器會在網址中加入自訂廣告活動參數（UTM參數），http://www.abcxyz.com/?utm_source=mobile02&utm_medium=CPC&utm_content=60%off&utm_campaign=SummerSale1210由上方網址標示底線處的 UTM 參數，可以清楚得知此廣告使用了網址產生器，而能加入網址中的參數總共有五個：utm_source（用來辨識訪客的來源，如電子報、Google、Facebook 等）、utm_medium（為此廣告活動的媒介，如電子郵件、橫幅廣告與單次點擊出價等）、utm_ campaign（為該廣告活動的名稱、標語等，利於管理者分辨不同的廣告活動）、utm_term（用來辨識付費搜尋關鍵字，設定此參數後，流量會同時出現於「付費關鍵字」報表）、utm_content（用來以廣告的內容作區分，在廣告有多個版本時很實用）。其中，utm_source、utm_medium、utm_campaign 為建議使用之參數。而參數的值由管理者自行輸入在 = 後方（上方網址標示藍色處），因此手動標記的流量是由管理者所指定的內容作分類，而非由 GA 判斷。在此題網址中所設定的來源為 Mobile02、媒介為 CPC（cost-per-click，點擊付費廣告）、內容為60%off、廣告活動名稱為 SummerSale1210。

題組題

一、試想您經營了一間電子商務網站,以下為訪客Steve與網站首次互動到
完成購買所歷經之環節

◎ 環節一(推薦連結):Steve瀏覽了與您合作的部落客文章,在點
擊文章中分享的連結後進站,至此完成了與網站的首次互動,但
Steve在未任何購買商品的情況下離站了。

◎ 環節二(社交網路):一個月後,Steve被您的粉絲專頁貼文吸引,並
點擊了貼文連結進入您的電子商務網站,瀏覽了若干商品後,最後
卻還是未進行購買而離站。

◎ 環節三(付費搜尋):三天之後,Steve透過點擊您所發佈的關鍵字
廣告進站,可惜的是,此次仍未完成商品購買就離站。

◎ 環節四(直接進站):隔天,Steve透過直接輸入網址的方式進站,
並完成商品購買後才離站。

請根據上述內容回答第76至第80題:

Q76 **最終互動模式(Last Interaction Model)會如何分配此次轉換的功
勞?**

(A)「推薦連結」與「直接進站」各分配到50%之功勞。

(B) 將100%的功勞歸功於「直接進站」。

(C) 上述四個環節各分配到25%之功勞。

(D) 將100%的功勞歸功於「推薦連結」。

解答 **B**

解析 最終互動模式(Last Interaction Model)會將所有轉換價值歸功於訪
客完成轉換前與網站進行的最終互動,在此題中即為環節四的「直接進
站」,因此答案為選項(B),最終互動模式適合重視訪客由最後一個環節
完成轉換的分析者。

Q77 線性模式（Linear Model）會如何分配此次轉換的功勞？

(A) 上述四個環節各分配到25%之功勞。

(B)「推薦連結」與「直接進站」各分配到50%之功勞。

(C) 將100%的功勞歸功於「推薦連結」。

(D)「推薦連結」與「直接進站」各分配到40%之功勞，剩餘20%平均分配給其餘兩個環節。

解答 **A**

解析 線性模式會將轉換價值平均分配給訪客完成轉換前所經歷的所有環節，在此題中共有四個環節，因此每個環節都會分到25%之功勞。

Q78 最終AdWords廣告點擊模式（Last AdWords Click Model）會如何分配此次轉換的功勞？

(A)「推薦連結」與「直接進站」各分配到50%之功勞。

(B)「推薦連結」與「直接進站」各分配到40%之功勞，剩餘20%平均分配給其餘兩個環節。

(C) 將100%的功勞歸功於「付費搜尋」。

(D) 將100%的功勞歸功於「推薦連結」。

解答 **C**

解析 最終AdWords廣告點擊模式會將所有轉換價值歸功於訪客完成轉換前點擊的最後一則AdWords廣告，此題中Steve僅在環節三中點擊過一則AdWords廣告，因此會將100%的功勞歸屬於環節三的「付費搜尋」，故答案為選項(C)。最終AdWords廣告點擊模式可協助分析者找出哪一則AdWords廣告促成最多轉換。

Q79 最終非直接點擊模式（**Last Non-Direct Click Model**）會如何分配此次轉換的功勞？

(A) 將 100% 的功勞歸功於「付費搜尋」。

(B)「推薦連結」與「直接進站」各分配到 40% 之功勞，剩餘 20% 平均分配給其餘兩個環節。

(C) 將 100% 的功勞歸功於「社交網路」。

(D)「推薦連結」與「直接進站」各分配到 50% 之功勞。

解答 **A**

解析 最終非直接點擊模式會忽略所有的直接流量，將功勞歸於排除直接流量後的最終互動，在此題中環節四「直接進站」被排除，環節三「付費搜尋」順勢成為訪客完成轉換前的最終互動，因此答案為選項 (A)。

Q80 根據排名模式（**Position Based Model**）會如何分配此次轉換的功勞？

(A)「推薦連結」與「直接進站」各分配到 50% 之功勞。

(B)「推薦連結」與「直接進站」各分配到 40% 之功勞，剩餘 20% 平均分配給其餘兩個環節。

(C) 將 100% 的功勞歸功於「社交網路」。

(D) 上述四個環節各分配到 25% 之功勞。

解答 **B**

解析 根據排名模式注重訪客的最初與最終互動，因此會將 80% 的功勞平均分配給最初與最終互動，剩餘 20% 則平均分配給其餘環節，在此題中最初互動為環節一「推薦連結」，最終互動為環節四「直接進站」，各分配到 40% 的功勞，而環節二「社交網路」與環節三「付費搜尋」則各分配到 10% 功勞，因此答案為選項 (B)。

二、圖3-12為Google Analytics流量資料層級架構示意圖，請回答第81題
至第82題

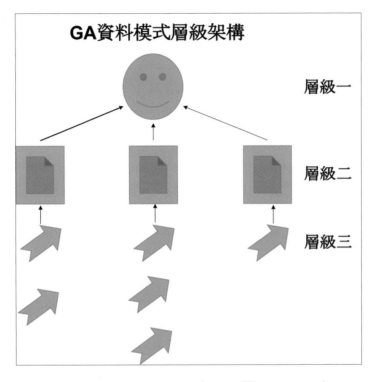

◇　　圖3-12

Q81　圖3-12中之層級一、層級二、層級三之名稱分別為下列何者？

(A) 訪客、點擊、工作階段。

(B) 會話、訪問者、工作階段。

(C) 帳戶、資源、資料檢視。

(D) 使用者、工作階段、互動。

解答 **D**

解析 GA的流量資料模式層級架構是使用者（Users）>工作階
段（Sessions）>互動（Interactions），其中使用者代表了網站的訪
客（Visitor），工作階段是指訪客每一次的造訪（Visit）行為，訪客於
該造訪期間與網站的互動是由點擊行為（Hit）所構成。

Q82 是非題：一個訪客進站之後，在首頁觀看了影片並完成一次交易後離站，這些行為皆在進站後的三十分鐘內完成，GA會將這些行為紀錄為一位使用者、一個工作階段與三次互動。

(A) 是。

(B) 否：應為一位使用者、一個工作階段與兩次互動。

解答 **A**

解析 一位訪客進站為一個使用者，而所有行為在三十分鐘內完成，工作階段計算為一，與網站的互動包含：一次瀏覽、觀看影片與一次交易，共為三次互動。此處需注意的是，只要訪客進站，瀏覽量（Pageviews）就會計算為一，而瀏覽、事件與交易等都屬於互動（Interaction）層級。

三、請參考圖3-13並回答第83至第85題

到達網頁	客戶開發		
	工作階段 ↓	% 新工作階段	新使用者
	606 % 總計: 100.00% (606)	79.21% 資料檢視平均 值:79.21% (0.00%)	480 % 總計: 100.00% (480)
1. /	593(97.85%)	80.27%	476(99.17%)
2. /web-design-and-seo/	6(0.99%)	33.33%	2(0.42%)
3. /analytics/	5(0.83%)	20.00%	1(0.21%)
4. /augmented-reality/	2(0.33%)	50.00%	1(0.21%)

◇　圖3-13

Q83 是非題：到達網頁「/」之工作階段數為593,表示這段期間共有593個工作階段一進入網站時所看到的網頁是「/」。

(A) 是：到達網頁（Landing Page）即為訪客進站時所首先接觸的網頁。

(B) 否,只要訪客於該工作階段中有瀏覽過網頁「/」,即會被計算為一次工作階段。

解答 **A**

解析 到達網頁「/」之工作階段數為593，表示有593個工作階段是由「/」網頁所進站，然而若訪客只是在工作階段中曾瀏覽過此一網頁，此種情況下，僅會將該網頁計算為瀏覽量(Pageview)而非到達網頁。

Q84 圖3-13中顯示為「/」的到達網頁表示何種意思？

(A) 無法辨識的到達網頁。

(B) 有效的工作階段數量。

(C) 網站的首頁。

(D) 以上皆非。

解答 **C**

解析 在GA中，網址顯示為「/」時，表示該網站之首頁，因此此題答案為選項(C)。

Q85 是非題：圖3-13中的「%新工作階段」是指，初次造訪的工作階段佔整體工作階段之比率

(A) 是：即為由新訪客產生的工作階段所佔比率。

(B) 否：「%新工作階段」指的是由回訪客創造的工作階段，其占整體工作階段之百分比。

解答 **A**

解析 「%新工作階段」顧名思義，是指新訪客產生之工作階段所佔百分比，故其計算方式為初次造訪的工作階段數/所有工作階段總數。

四、工作階段（Sessions）是GA當中非常重要且基本的概念，為使考生對於工作階段的概念更加熟悉，請回答第86題至第88題

Q86　關於「工作階段」（Sessions）之敘述，下列何者正確？

(A) 在GA的預設狀況下，工作階段會在訪客閒置30分鐘後結束。

(B) 工作階段是由某時段中一名訪客於網站上發生的一組互動所構成。

(C) 在23:59:59過後，所有工作階段皆會逾時，並被計算為新的工作階段。

(D) 以上皆是。

解答 **D**

解析 選項(A)，若訪客閒置超過GA工作階段逾時所預設的30分鐘，該工作階段會自動結束。選項(B)，即為工作階段的基本定義。選項(C)，工作階段逾時的可能性有兩種，其一為訪客閒置超過30分鐘，另一則為工作階段跨日，每當工作階段過了23:59:59皆會被重新計算。因此此題答案為選項(D)。

Q87　小資女Anna於22：30時，由部落格中的推薦連結網址進入一家紙膠帶網站，在瀏覽了25分鐘後，為了去收洗好的衣服而離開電腦10分鐘，當她回來後又繼續瀏覽了剛剛的網頁10分鐘，但此時因為媽媽用視訊電話打來，所以就先把視窗給關掉了。與媽媽通話完後已經是23：55了，這時她改由Google的自然搜尋再次進入同一個紙膠帶網站，就這樣一直看了20分鐘後才關掉電腦去睡覺。請問以上行為GA會計算為幾個工作階段？

(A) 1個工作階段。

(B) 2個工作階段。

(C) 3個工作階段。

(D) 4個工作階段。

解答 **C**

解析 Anna在22:30由推薦連結進站時為第一個工作階段,中間閒置時間只有10分鐘,因此收完衣服後繼續瀏覽網頁仍屬於同一個工作階段,而Anna在23:55再次以自然搜尋進站時造成了第二個工作階段,接著在隔天00:00時工作階段會重新計算,故這時產生了第三個工作階段,因此答案為選項(C)。

Q88 **是非題:工作階段的逾時時間可於管理介面中進行設定,最高可將之設定為4小時**

(A) 是:管理者可依需求調整工作階段逾時時間,最短為 1 分鐘,最長為 4 小時

(B) 否:GA 所預設之工作階段逾時時間為 30 分鐘,若欲更改需由開發人員於 GATC 中進行設定。

解答 **A**

解析 管理者可由管理員介面中的「資源 > 追蹤資訊 > 工作階段設定」中更改工作階段逾時時間,由圖3-15紅框處可得知,工作階段逾時最短為1分鐘,最長為4小時。

◇ 圖 3-15

五、假設您的網站共有 A、B、C、D 四張網頁，而每日僅有一個工作階段，以下為該網站在一個禮拜中的網頁瀏覽狀況，請回答第89至第90題

星期一：網頁 C →網頁 A →網頁 B →離開

星期二：網頁 A →離開

星期三：網頁 B →網頁 A →離開

星期四：網頁 D →網頁 B →網頁 C →離開

星期五：網頁 B →離開

星期六：網頁 A →網頁 C →網頁 D →網頁 A →離開

星期日：網頁 B →離開

Q89 請問網頁 A、網頁 B、網頁 C 與網頁 D 的離開百分比（% Exit）分別為何？

(A) 50%、67%、0%、0%。

(B) 43%、43%、14%、0%。

(C) 60%、60%、50%、0%。

(D) 75%、60%、33.3%、0%。

解答 **D**

解析 離開百分比為網頁成為工作階段中「最後」的比率，計算方式為（成為最後一張網頁的次數/所有包含該網頁的工作階段次數）*100%，因此網頁 A 的離開百分比為 3/4*100%=75%，網頁 B 的離開百分比為 3/5*100%=60%，網頁 C 的離開百分比為 1/3*100%=33.3%，網頁 D 的離開百分比為 0/2*100%=0%。

Q90 請問網頁A、網頁B、網頁C與網頁D的跳出率（Bounce Rate）分別為何？

(A) 43%、43%、14%、0%。

(B) 50%、67%、0%、0%。

(C) 75%、60%、50%、0%。

(D) 100%、67%、0%、0%。

解答 B

解析 跳出率是網頁成為該工作階段中「唯一」的比率，計算方式為（成為工作階段中唯一一張網頁的次數/由該網頁所開始的工作階段次數）*100%，因此，網頁A的跳出率為1/2*100%=50%，網頁B的跳出率為2/3*100%=67%，網頁C的跳出率為0/1*100%=0%，網頁D的跳出率為0/1*100%=0%。

▌問答題

Q91 嵌入GATC時，通常會置於網頁程式碼的何處？有哪些情況為例外？

解析 通常會將程式碼置於 <head> 與 </head> 之間，較能避免發生訪客行為資料遺漏的狀況，因為瀏覽器是按順序由上至下讀取網頁程式碼。而例外的有以下狀況：

(1) 由專業人員依程式碼位置做調整時：若要將GATC程式碼放置於其他位置，需視情況調整程式碼內容，否則可能出現無法順利側錄流量之狀況。

(2) 網站的架構較特別時，將GATC程式碼放在 <head> 與 </head> 之間會造成網站出現問題，此時需將GATC程式碼置於 <body> 與 </body> 之間。

Q92 維度（Dimensions）與指標（Metrics）是構成網站流量分析報表的基本要素，該如何解釋各自代表的意義？

解析 維度指的是無法量化的資料，屬於類別型資料，例如性別分為男性與女性、年齡層分為25-34歲區間與35-44歲區間等。相反的，指標則屬於可量化的數值型資料，如工作階段次數共有1376次、跳出率為39.7%、不重複瀏覽量總計1423等。

Q93 哪些情況會造成工作階段（Sessions）結束？

解析 造成工作階段結束的情況有以下兩種類型：

(1) 工作階段逾時：
工作階段逾時可分為兩種狀況，分別是閒置逾時以及跨日。首先從閒置逾時說起，GA預設的工作階段逾時為30分鐘，當訪客閒置超過30分鐘後，該工作階段即會自動結束。而跨日的部分是說，若工作階段經過了23:59:59此一時間，GA會將原先的工作階段會結束，並重新計算為一個新的工作階段。

(2) 廣告活動變更：
GA會儲存廣告活動資訊，當廣告活動的值更新時，就會開啟新的工作階段，並關閉原先的工作階段。廣告活動中的任一數值變更都會造成工作階段的結束，包含來源、關鍵字、搜尋引擎種類等，但透過直接方式產生的流量並不會取代原有的廣告活動來源。

Q94 若將網站比喻為一本書，你會怎麼解釋網站、使用者、瀏覽量三者間的關係？

解析 如果網站是一本書，那書中的每一頁就有如網站中的網頁，而使用者就是曾經翻閱過這本書的讀者，所以每位讀者每次閱讀時所翻閱的頁數總和就是瀏覽量。

Q95 請解釋離開百分比（% Exit）與跳出率（Bounce Rate）所代表之意思與如何計算。

解析 跳出率是指單一網頁工作階段所佔的百分比,即為訪客瀏覽單一網站過後就離站的比率,計算方式為（該網頁被跳出的工作階段數 / 該網頁所有的工作階段數）* 100%。而離開百分比是網頁成為工作階段中「最後一張」網頁的比率,計算方式為（成為最後一張網頁的次數/所有包含該網頁的工作階段次數 ）* 100% 。離開百分比與跳出率的計算例題請參考題組題第五大題。

Q96 你的公司欲使用 **GA** 追蹤目前擁有的所有網站與平台,包含一個官方網站與三個粉絲專頁,其中粉絲專頁需特別著重於行動裝置的流量,因此需將其獨立出來追蹤,請問該如何分配公司的帳戶、資源與資料檢視？

解析 如圖3-14所示,在一個專屬公司的帳戶底下建立四個資源,分別是一個官方網站以及三個粉絲專頁,建立好資源後,每個資源底下都已有一個預設的「所有網站資料」資料檢視,而配合此題目須獨立出行動裝置流量的需求,再於三個粉絲專頁資源底下,各新增一個僅含行動裝置流量的資料檢視,因此總共會有一個帳戶、四個資源、七個(1+3*2)資料檢視。

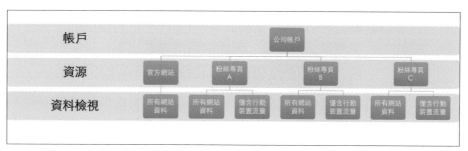

◇ 圖 3-14

Q97　承上題，請詳述如此分配的原因。

> 解析　GA的帳戶層級結構為帳戶＞資源＞資料檢視。管理者至少需要一個帳戶才能使用 GA，此題中管理者也可建立多於一個帳戶，但是並非必要，因此建議一個公司使用一個帳戶即可，以免過多複雜的帳戶導致管理不便。而「資源」是指網站、行動應用程式(App)等管理者欲追蹤的內容主體，各資源會擁有一組專屬的追蹤程式碼，因此須為每個網站或平台都獨立建立一個資源，否則會造成理應屬不同網站的流量卻被合併計算。「資料檢視」則專責為資源指定欲瀏覽之流量，例如僅含 AdWords 流量或行動裝置流量的資料檢視。

Q98　使用GA進行網站流量分析之後，發現網站的跳出率偏高，請問可能的原因有哪些？

> 解析　不同類型的網站跳出率偏高的原因也會不同，此題不指定網站類型，測試考生對於跳出率是否有較全面性的認識。跳出率偏高有以下幾種可能的原因：
>
> (1) 資訊提供型網站：此類網站如部落格、活動介紹網頁等，透過搜尋引擎的引導，訪客會被帶往提供重要資訊的網頁，當訪客得到所需資訊後即離站。
>
> (2) 單頁式網站：在只有一個網頁的情況下，除非訪客重新載入網頁後再離站，否則都會被計算為跳出，因此會導致高跳出率。
>
> (3) 網站內容或設計無法滿足消費者需求：該網頁內容可能與標題不符，或是與訪客所搜尋進站之關鍵字不符，此時可以透過重新設計網頁內容、修改廣告文案、更換關鍵字廣告等方式改善高跳出率的問題。
>
> (4) 網頁發生錯誤：當網頁發生錯誤時，訪客進站卻無法進行瀏覽，唯一的選擇就只有離站，因此而造成高跳出率。短時間內跳出率突然升高時，管理者可先檢查網頁是否發生技術上的錯誤。
>
> (5) 使用習慣：高跳出率也可能是使用者自身的行為所致，例如訪客將他經常造訪之網頁加為書籤，點選書籤進站並完成目的後即離站。

Q99 你所經營的網站在七夕情人節期間舉辦了為期三週的促銷活動，此促銷活動經由五種不同的管道宣傳，且期間內的每週日晚上七點，有限時搶購下殺一折的活動，請問你可以運用 **GA** 中的哪些功能來追蹤並評估這場促銷活動的成效？

解析 不同的促銷活動需要用不同的方式去追蹤、分析，此題考驗考生是否能將 GA 的功能實際應用，以下為可以運用的功能：

(1) 使用網址產生器來追蹤不同管道的流量，可以評估各管道的成效。

(2) 運用 GA 報表中的日期範圍比較功能，將該促銷期間之流量與非促銷期間之流量做比較，例如：收益、轉換率、平均訂單價值、新訪客人數等。

(3) 運用即時報表來得知促銷活動期間即時的流量狀況，特別是限時搶購下殺一折活動，需要快速根據流量狀況產生因應策略，例如商品很快被搶光，流量卻還是很高時可以再進行加碼，或是網站無法負荷大量流量造成當機時，也可從即時報表中迅速得知並反應。

Q100 承上題，什麼樣的功能可以讓管理者馬上得知促銷活動當下的狀況，並依當時狀況調整活動內容？

解析 欲得知促銷活動「當下」的即時狀況，只能從即時報表（Real Time）中得知，報表中會顯示正在與訪客進行互動的網頁，以及訪客的來源、地區等資料，其他報表則無法即時顯示出流量資料，最多需等 24 小時才會顯示，如此一來便不能協助管理者依照當下狀況立即做出回應。

Q101 你管理了一個以累積忠誠讀者為目標的資訊提供型網站，故網站並不具有電子商務的功能，而是透過發送電子報維持與讀者的互動。試問，你可以將哪些訪客行為設定為 **GA** 的目標？

解析 雖然網站不具有電子商務的功能，但仍可將其他對網站有益的造訪行為視為轉換，並將之設定入 GA 的目標當中。此題考驗考生是否能夠真正掌握轉換對於非營利型網站的重要性，按照題目所述可設定的目標包含，訂閱電子報（電子報是網站持續與訪客聯繫的重要管道，主動訂閱電子報的訪客對網站來說具有高價值）、在網站中停留時間達到 x 分鐘（可以設定確實閱讀完一篇文章所需之時間）、單次工作階段頁數達到 y 頁、曾經瀏覽過某網頁（如網站介紹頁面或是含有重要資訊的網頁）。

Q102 你想要使用網址產生器為你的 **7** 月份電子報進行廣告活動成效追蹤，其中，網站網址、廣告活動來源、廣告活動媒介、廣告活動名稱等資訊皆為網址產生器中的必填欄位，你會如何填寫？

解析 網站網址欄位中填寫電子報欲連結的頁面網址（依電子報所欲呈現之內容而訂，可能是促銷商品連結網址、最新消息之網址等）；廣告活動來源填寫「電子報」或其他同義詞；廣告活動媒介填寫「email」；廣告活動名稱只要能夠讓管理者辨識出所屬之廣告活動即可，例如：July-sale、七月電子報促銷等。

Q103 承上題，當填寫好上述必填欄位後，網址產生器會產生一個新的網址，下一步驟為何？該網址會連結到何處？

解析 下一步是將網址產生器所製作的帶參數網址置於該管道中，讓訪客確實能夠連結進站，在此題中即為把網址放入電子報之超連結中，如此一來，訪客點選電子報後便能透過該網址進站，同時此廣告活動的流量亦會被側錄至 GA 報表當中。

▰ GA名詞對照表

＊依字母順序排列

英文	繁體中文	简体中文
Account	帳戶	帐号
Acquisition	客戶開發	流量获取
Annotations	註解	注释
Attribution Model	功勞歸屬模式	归因模型
Audience	目標對象	受众群体
Bounce Rate	跳出率	跳出率
Conversion	轉換	转化
Custom Alerts	自訂快訊	自定义提醒
Custom Reports	自訂報表	自定义报告
Dashboards	資訊主頁	信息中心
Dimensions	維度	维度
Events	事件	事件
Exit Rate	離開率	退出率
Filter	篩選器	过滤器
Google Analytics(GA)	Google 分析	Google 分析
Google Analytics Tracking Code(GATC)	追蹤程式碼	跟踪代码
Hit	點擊	匹配
Hit-Level	點擊層級	匹配级
Intelligence Events	情報快訊事件	智能事件
Interaction	互動	互动
Landing Page	到達網頁	著陆页
Metrics	指標	指标

英文	繁體中文	简体中文
Multi-Channel Funnels	多管道程序	多渠道路径
Pageviews	瀏覽量	网页浏览量
Property	資源	媒体资源
Real-Time	即時報表	实时报告
Referral	參照連結網址	引荐来源
Segment	區隔	细分
Session	工作階段	会话
Site Search	站內搜尋	网站搜索
User	使用者	用户
URL builder	網址產生器	网址构建工具
View	資料檢視	数据视图
Visit	造訪	访问
Visitor	訪客	访问者

國家圖書館出版品預行編目資料

流量分析與考題大揭秘：Google Analytics / 張佳榮
等編著. -- 二版. -- 新北市：全華圖書, 2019.05
　　面；　　公分
ISBN 978-986-503-103-9(平裝)

1.網路使用行為 2.資料探勘
312.014　　　　　　　　　　　108007056

流量分析與考題大揭秘：Google Analytics(第二版)

作者 / 張佳榮 鄭江宇 施佩萱 黃哲彥

執行編輯 / 王詩蕙

封面設計 / 楊昭琅

發行人 / 陳本源

出版者 / 全華圖書股份有限公司

郵政帳號 / 0100836-1 號

印刷者 / 宏懋打字印刷股份有限公司

圖書編號 / 0633701

二版一刷 / 2019 年 06 月

定價 / 新台幣 420 元

ISBN / 978-986-503-103-9(平裝)

全華圖書 / www.chwa.com.tw

全華網路書店 Open Tech / www.opentech.com.tw

若您對書籍內容、排版印刷有任何問題，歡迎來信指導 book@chwa.com.tw

臺北總公司(北區營業處)
地址：23671 新北市土城區忠義路 21 號
電話：(02) 2262-5666
傳真：(02) 6637-3695、6637-3696

中區營業處
地址：40256 臺中市南區樹義一巷 26 號
電話：(04) 2261-8485
傳真：(04) 3600-9806

南區營業處
地址：80769 高雄市三民區應安街 12 號
電話：(07) 381-1377
傳真：(07) 862-5562

版權所有・翻印必究

23671 新北市土城區忠義路 21 號

全華圖書股份有限公司

行銷企劃部　收

廣　告　回　信
板橋郵局登記證
板橋廣字第540號

歡迎加入 全華會員

● 會員獨享

會員享購書折扣、紅利積點、生日禮金、不定期優惠活動…等。

● 如何加入會員

填妥讀者回函卡直接傳真 (02) 2262-0900 或寄回,將由專人協助登入會員資料,待收到 E-MAIL 通知後即可成為會員。

如何購買 全華書籍

1. 網路購書

全華網路書店「http://www.opentech.com.tw」,加入會員購書更便利,並享有紅利積點回饋等各式優惠。

2. 全華門市、全省書局

歡迎至全華門市(新北市土城區忠義路 21 號)或全省各大書局、連鎖書店選購。

3. 來電訂購

(1) 訂購專線:(02) 2262-5666 轉 321-324
(2) 傳真專線:(02) 6637-3696
(3) 郵局劃撥 (帳號:0100836-1　戶名:全華圖書股份有限公司)

※ 購書未滿一千元者,酌收運費 70 元。

OpenTech.com.tw 全華網路書店

全華網路書店 www.opentech.com.tw
E-mail: service@chwa.com.tw

※ 本會員制如有變更則以最新修訂制度為準,造成不便請見諒。

讀者回函卡

填寫日期： ／ ／

姓名： 生日：西元 年 月 日 性別：□男 □女

電話：（ ） 傳真：（ ） 手機：

e-mail：（必填）

註：數字零，請用 Φ 表示，數字 1 與英文 L 請另註明並書寫端正，謝謝。

通訊處：□□□□□

學歷：□博士 □碩士 □大學 □專科 □高中 · 職

職業：□工程師 □教師 □學生 □軍 · 公 □其他

學校/公司： 科系/部門：

· 需求書類：

□ A. 電子 □ B. 電機 □ C. 計算機工程 □ D. 資訊 □ E. 機械 □ F. 汽車 □ I. 工管 □ J. 土木

□ K. 化工 □ L. 設計 □ M. 商管 □ N. 日文 □ O. 美容 □ P. 休閒 □ Q. 餐飲 □ B. 其他

· 本次購買圖書為： 書號：

· 您對本書的評價：

封面設計：□非常滿意 □滿意 □尚可 □需改善，請說明

內容表達：□非常滿意 □滿意 □尚可 □需改善，請說明

版面編排：□非常滿意 □滿意 □尚可 □需改善，請說明

印刷品質：□非常滿意 □滿意 □尚可 □需改善，請說明

書籍定價：□非常滿意 □滿意 □尚可 □需改善，請說明

整體評價：請說明

· 您在何處購買本書？

□書局 □網路書店 □書展 □團購 □其他

· 您購買本書的原因？（可複選）

□個人需要 □公司採購 □親友推薦 □老師指定之課本 □其他

· 您希望全華以何種方式提供出版訊息及特惠活動？

□電子報 □ DM □廣告（媒體名稱 ）

· 您是否上過全華網路書店？（www.opentech.com.tw）

□是 □否 您的建議

· 您希望全華出版那方面書籍？

· 您希望全華加強那些服務？

~感謝您提供寶貴意見，全華將秉持服務的熱忱，出版更多好書，以饗讀者。

全華網路書店 http://www.opentech.com.tw 客服信箱 service@chwa.com.tw

2011.03 修訂

親愛的讀者：

感謝您對全華圖書的支持與愛護，雖然我們很慎重的處理每一本書，但恐仍有疏漏之處，若您發現本書有任何錯誤，請填寫於勘誤表內寄回，我們將於再版時修正，您的批評與指教是我們進步的原動力，謝謝！

全華圖書 敬上

勘 誤 表

書 號			
書 名		作 者	
頁 數	行 數	錯誤或不當之詞句	建議修改之詞句

我有話要說： （其它之批評與建議，如封面、編排、內容、印刷品質等‧‧‧）